JN087571

記号論理学

（新訂）記号論理学（'24）

装丁デザイン：牧野剛士
本文デザイン：畑中　猛

o-22

まえがき

私たち人間が，人間らしく活動していくには，どんなことが必要だろうか。たとえば，酸素や水などは，他の動物にも必要であるから，人間を特徴づける要素としては当てはまらない。また，遠く離れた地から犬が帰ってきたという話があるように，「記憶」も人間固有の行為ではない。意思疎通として，ハチのようにダンス（動作）を利用してコミュニケーションを取る動物も居る。だが，主張や考えたことを「記号」や「文字」を並べて表現することができるのは，おそらく，私たち人間だけの特徴である。

学問が成立するのはまさに，記号や文字を使うことができるからである。どのような記号や文字を並べて，何を主張するのかは状況次第で変わるが，誰でも（学びさえすれば）理解せざるを得ない，曖昧さのない適確な主張は，「論理的である」と言われる。この「論理的である」ことについての学問が，論理学である。その中でも，記号論理学とは，記号を使って議論をする論理学である。

本書は，放送大学の「情報」分野の授業科目である「記号論理学」のための入門的教科書である。つまり，「記号を使って曖昧さがない主張を行う方法」を学ぶ人のために作られた。

ところで，記号論理学には，さまざまなやり方がある。本書では，過去に日本語で出版された素晴らしい論理学の本を参考にしつつも，次の点において他の書籍と異なる特徴がある。

- 一階述語論理の表現方法について，ていねいすぎると言われてもおかしくない程度に，ていねいに記述した。
- 推論の妥当性について，十分な考察を行った。

- 日常言語と論理式の関係について，議論を行った。
- 論理的に誤った『推論』について取り上げ，どのような誤りがあるのかについて議論した。
- 他の分野への応用や高度化，特に，哲学，数学，情報学，情報科学，情報工学との関連について触れた。
- 論理学の歴史についても述べた。

この特徴は，本書が他の論理学の本と違い，学問としての論理学だけでなく，日常を「論理的に」考えることができる能力の育成にも重点をおいた結果である。

ところで，本授業の先行科目である「記号論理学(’14)」の構想の背景のひとつには，1980 年代からスタンフォード大学のジョン・バーワイズ[1)]とジョン・エチェメンディとによる論理学教育改革との交流があった。彼らは，学生が一階述語言語を実際に駆使できるようになるためのソフトウェアを開発した。その教材の格子モデルというアイデアは「記号論理学（’14)」に採用され，そのまま本書にも引き継がれている。すなわち，ジョン・バーワイズとジョン・エチェメンディの影響を受けて，本書は制作された。

本書は，放送授業を参照しながら読み進めていくことが，最も効果が高い学習方法となるが，放送授業を見ずに本書を読むだけでも，核心の部分の内容を理解することができるように工夫した。

本書が，読者の論理的な考え方，特に記号を用いた論理的な推論を修得できるようになることを，筆者として望むものである。

2023 年 12 月

辰己　丈夫

加藤　浩

1) のちにインディアナ大学に移り，2001 年没。

目 次

1 論理学とは何か・記号を使う

辰己丈夫・村上祐子

《目標＆ポイント》 論理学は，論理と推論について研究する学問である。厳密な表現・検討のために，記号を使って表現する。論理パズルを例にとって説明する。

《キーワード》 推論，前提，結論，命題，議論，論争，常識，学問，科学，経験

1.1 論理とは

1.1.1 推論・論理・論理学

「言葉を利用して，物事の筋道を立てて，真である表現を導く」という行為を推論と呼ぶ。この推論という作業は自己流で行っていいものではない。推論に関する規則を論理と呼ぶ。推論の方法，すなわち，論理は，古くから私たち人間が考え，研究してきたことである。この論理についての学問，すなわち，推論の規則についての学問が論理学である。

1.1.2 文脈

たとえば，

「記号論理学」に合格したら卒業だ。

という表現が真であるかどうかを考えてみよう。この文には，「誰が卒業するのか」「何を合格するのか」「どこを卒業するのか」という記述が省略されている。おそらく，この人は放送大学の学生であろう。このように記述が省略された内容のことを，「文脈」あるいは「暗黙の前提」と言われる。

では，学生の氏名を「幕張若葉」として，「幕張若葉氏が，放送大学の『記号論理学』の授業を履修して，単位認定試験に合格すると，放送大学を卒業できる」という文を考える。

1.1.3 抽象化

放送大学に限らず，日本の大学の卒業に必要な単位は，本文を執筆している時点では124と定められている。だが，これは未来永劫に変化しないとは限らない。そこで，ここでは大学卒業に必要な単位数をMと記すことにする。このように文字を用いて具体的な対象を記すことを，抽象化と呼ぶ[1)]。記号論理学の単位数も抽象化してcと記すことにしよう。そして，この人の取得済単位数をsとする。

1.1.4 不等式

今までの議論から，幕張若葉氏は記号論理学の単位を取得すると卒業できるので「$s+c \geq M$」[2)]である。そして，現時点で卒業できていないので「$s < M$」である。この時点で，

「記号論理学」に合格したら卒業だ。

を抽象化すると，次のように書けることがわかる。

$$s+c \geq M \text{ であり，さらに，} s < M$$

ここで，$M=124$, $c=2$と具体的な値を使って考えると，$s+2 \geq 124$であり，$s < 124$である。$s+2 \geq 124$は，$s \geq 122$と同じなので，結局，sは$122, 123$のいずれかであると言える。

---

1) プログラミングの世界では「マジックナンバー」の除去，と呼ばれる作業である。
2) 日本の高校までの数学では「以上」を表す不等号の記号として ≧ を用いることが多いが，本書では世界的な慣行に合わせて $\geq$ を用いる。

もし，幕張若葉氏が既にちょうど 122 単位を取得済であれば，この文(「記号論理学」に合格したら卒業だ。）は真であると言える。

1.1.5 論理の言葉「かつ」「または」

「$s+c \geq M$ であり，さらに，$s<M$」の「であり，さらに,」の部分について考える。この部分は「$s+c \geq M$ が真である」ことと「$s<M$ が真である」ことが，両方とも成り立っている，という意味で考えることになる。

日常の論理では，このようなときは「かつ」[3]という言葉を利用する。ここで取り扱う論理でも，同じ「かつ」を用いることにする。すなわち，次のように書く。

$$s+c \geq M \text{ かつ } s<M$$

ところで，A と B の両方が成り立っているときに「A かつ B」という言葉を用いるのに対して，A と B のうち，少なくとも片方が成り立っているときは「A または B」[4]という言葉を用いる。

なお，本書で扱う論理では，当面，「または」は，「A と B の両方が成り立っていてもいい」とする。一方で，日常生活では，「お茶，または，ジュースが付きます」と言われたときに，「お茶とジュースの両方が付いてくる」という意味には解釈しない。このように，「または」の運用は，日常生活と論理では，異なる解釈をするときがあることには，注意をしておくべきである。

3）英語では and
4）英語では or

1.1.6 解はあるのか

ところで，「$s+c \geq M$」と「$s < M$」の両方が真となる s，M は存在するのだろうか。このことについても考えておく必要がある。

たとえば，$s < M$ は，そもそも成立するのだろうか。もし，s は塩という意味であり，M は紫色という意味であるなら，$s < M$ という書き方には何の意味もない。「塩という物質」と「紫色という色の概念」の間には，不等号は定義されていない。

普通に不等号を用いるときは，それは数同士の「関係」である。さらに，これらの文字を抽象化によって導入したときは，大学の取得単位数について述べていたことを考えると，ここでの s, c, M は，すべて自然数（0を含む）を表すと考えるのが自然であろう。こういったことも，文脈として考えることができる。

では，c と M の値がわかっていたとして，「$s \geq M - c$ かつ $s < M$」は，自然数 s について成り立つだろうか。これは，「$M - c \leq s < M$」を満たす s が存在するかどうかを考えればよく，M と c が自然数であれば，存在することは直ぐにわかる。

しかし，もし，与えられた式が（この問題の状況とは異なる問題があったとして）「$s < M$ かつ $s - c \geq M$」の場合はどうなるだろうか。

仮に $M = 124$，$c = 2$ とすると，「$s < 124$ かつ $s \geq 126$」である。「124より小さくて，126より大きい数」は存在しない。少し考えると，M, c がどんな自然数の値であっても，「$s < M$ かつ $s - c \geq M$」を満たす自然数 s は存在しない。これは，次の理由による。

- 自然数が小さい数から大きい数まで一直線に並んでいる
- 自然数には，大小関係「$<$」「$>$」「$\leq$」「$\geq$」がある
- 不等式の両辺に同じ数を加えてもよい
- 加算演算 $+$ が行われると数値は大きくなる

このように，自然数の構造や演算の性質についての分析を行うことで，元の文が真であるかどうかを考えることができる。

1.1.7 ここまでのまとめ

ここまでに述べてきたように，1 つの文の真偽を明らかにするためには，その文の意味や，文脈（暗黙の前提），計算（不等式に関する計算），抽象化（変数名，定数名の導入），対象の構造（たとえば自然数固有の事情）に基づく必要がある。そして，この過程そのものが，まさに，本節の冒頭で述べた推論である。

1.2 論理学への入門

1.2.1 命題

論理学で主に扱われているのは「真偽が一意に決まる文」である。こういう文のことを命題と呼ぶ。たとえば，「学生幕張若葉氏が，放送大学の『記号論理学』の授業を履修して，単位認定試験に合格すると，放送大学を卒業できる」は，幕張若葉氏の取得済の単位数が 122 であったならば，真の命題であった。

本書ではこれから，推論とは，「結論」と呼ばれる命題の真偽を，「前提」と呼ばれる命題（0 個以上）を利用して，決定する作業のことである，と定義する。

そして，しばしば推論は，次のように書かれる。

- （前提）ならば，（結論）
- （前提）なので，（結論）
- （前提）だから，（結論）
- （前提）すると，（結論）

1.2.2 演繹的推論

推論には，帰納的推論と演繹的推論がある。

- 演繹的推論とは数学的命題のように真偽がはっきりした命題についての推論である。
  例：「この図形は正方形なので，この図形は四辺形だ。」
- 帰納的推論は確率的命題についての推論であって，統計的推論として表現される。
  例：「ここは緯度が低いので，ここの気温は高い。」

帰納的推論の評価は，つまり「前提を満たしていれば結論が成立する確率が高い」という高低で表され，前提が成立したうえでの結論が成立する事後確率で計算される。

本書では，当面の間は演繹的推論を扱う。

1.2.3 「全称量化」という文脈

ところで私たちは，数学の定理のような一般的に成立するとされる命題が一意に真偽が決まるのは，暗黙の裡に「すべての」「任意の」という普遍化が成り立っている，という文脈を無意識に考えている。たとえば，「整数は2で割り切れる」という命題をみて，直ちに「これは偽である」と感じるのは，「『すべての』整数は2で割り切れる」というように『すべての』の部分を無意識に補って考えているからである。このような普遍化は論理学では「全称量化」と呼ぶ。

そのため，「学生は，放送大学の『記号論理学』の授業を履修して，単位認定試験に合格すると，放送大学を卒業できる」を読むと，「すべての学生は，放送大学の『記号論理学』の授業を履修して，単位認定試験に合格すると，放送大学を卒業できる」と無意識に解釈され，したがって，偽と考えるのが妥当である[5)]。

1.2.4 論理の言葉「ならば」

ここで，ある問題を考える。

> 我々は，X 島の住民に対する聞き取り調査のみでこの島の実態を調べることになった。
>
> このX島には正義漢と悪漢という２種族の住民がいるが，どちらの種族なのかは外見からはわからない。ただし，事実として，正義漢は真であることしか言えず，悪漢は真でないことしか言えない，とわかっている。

そこで，使えそうな聞き取りの例を考えてみよう。

- 例：島に金鉱が存在するとき，金鉱について尋ねたら，正義漢は「金鉱がある」と答えるが，悪漢は「金鉱はない」と言うだろう。
- 例：「私は悪漢だ」と言える住民はいない。

さて，この状況で，「私が正義漢ならば，この島には金鉱がある」という発言者に出会った。この島には金鉱があるだろうか？

正解は，「この島には，金鉱がある」となる。なぜだろうか。

この問題を考えるには，「ならば」という論理の言葉の意味を適切に運用する必要がある。

5）なお，自然科学の観察結果や実験成果について述べる文については，真偽は○か×かというはっきりしたものではなく，実際のところ確率的に評価される。たとえば「ハシブトガラスは黒い」は通常は真であると思われている文だが，アルビノのハシブトガラスは黒くない。つまり，科学的命題については真偽は確率的に表現され，極めてまれな現象を捨象することによって真偽を語ることができるという特性を持つ。

本章で学ぶ論理では，（当分の間）「AならばB」が真であるのは，以下の二つの条件のうち，少なくともどちらか一つが成立するときとする。

- Aが偽
- Bが真

すなわち，「AならばB」は，「Aでない，または，Bが真である」とされる。これは集合の包含関係（図1.1）「AであるものはすべてBである（すべての対象xに対して，xがAの元であればxはBの元でもある）」を反映した定義になっている。

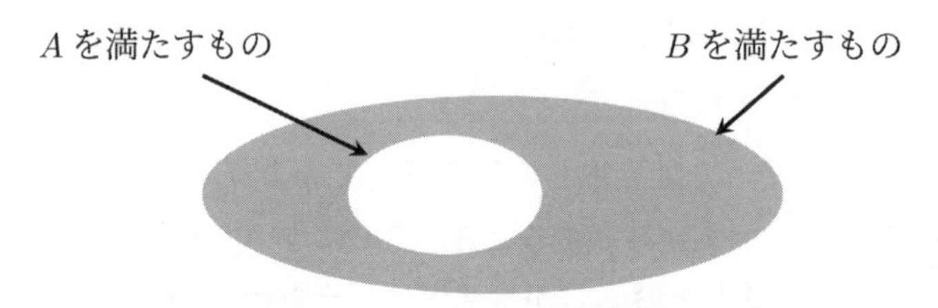

図1.1 「ならば」の包含関係

反例 ― 「ならば」の否定

これから議論する宇宙には，数学的な図形しかないと仮定しよう。この宇宙には，点，円，直線，曲線，三角形，四角形などが住んでいる。たとえば「正方形は四角形である」という文を真であると感じるのは，「正方形でありながら四角形でないもの」を指摘できないからである。もし（ありえない話ではあるが），「正方形でありながら四角形でないもの」が存在すれば，それは反例と呼ばれる。

このように，「ならば」を含む文を否定するためには，反例の存在を主張することになる。すなわち，「Aであるが，Bではない対象が存在する」ことを主張することになる。

ところで，この宇宙の任意の対象 x を考えたとき，x が正方形でない場合には，x が四辺形であろうとなかろうと x は反例にはならない。また，x が四辺形であることがわかっている場合には，x が正方形であろうとなかろうと反例にはならない。

だから，その宇宙のすべての対象について，反例にならないことがわかれば，この文を否定することはできないことになる。

したがって，「A が成立しない，または B が成立している」が，その宇宙のすべての対象に対して言えるのであれば，この文は真になる。

以上の「ならば」の解釈に基づいて，先程の X 島での発言を考えよう。この場合の宇宙は X 島である。

- もし発言者が悪漢であるとしたら，前半は偽であるので，文全体は自動的に真になる。つまり後半の真偽にかかわらずこうは発言できないので，この発言者は悪漢ではありえない。
- 残る可能性は正義漢である。正義漢であれば前半が真であるので，後半が真であればこう発言できる。実際に発言しているのだから，後半も真であって，この島には金鉱がある。

1.2.5 三段論法

論証は，糸のようにつながっていく性質がある。たとえば，次のことが言える。

> 「X が真であるなら A は真である」「A が真であるなら B は真である」の両方が言えていたら，
> 「X が真であるなら B は真である」

このような表現を三段論法という。三段論法のうち X がないもの（図 1.2）を，モーダスポネンス modus ponens といい，MP や m.p. で表す。

$$\frac{\begin{array}{l} A \\ A \text{ ならば } B \end{array}}{B} \qquad\qquad \frac{A \quad A \text{ ならば } B}{B}$$

図 1.2　モーダスポネンス modus ponens, MP（2 通りの書きかたがある）

「A は真である」「A が真であるなら B は真である」
の両方が言えていたら,
「B は真である」

1.2.6 妥当な推論

推論では,「前提が成立しているときに結論が必ず成立する」という性質を妥当性といい，妥当性がある推論を「妥当な推論」と呼ぶ。妥当性では「必ず成り立っている」が重要であり,「ある前提のときに成り立っている」というだけでは不足である。すなわち，全称量化が文脈として隠されている。

次の 4 つの推論について考える。

1) クジラは哺乳類である。哺乳類は温血動物である。だから，クジラは温血動物である。
2) 馬は動物だ。だから，馬の頭は動物の頭だ。
3) クジラはサメではない。クジラは哺乳類である。だから，サメは哺乳類ではない。
4) ハトはスズメではない。スズメは鳥である。だから，ハトは鳥ではない。

1), 2) は妥当な推論である。

3) は前提のすべてが成立していて，しかも結論も真ではあるが，このままでは「哺乳類ではないサメ」が存在してもかまわないので，妥当な推論ではない。

3）と同じパターンを持つ 4）も妥当ではない。前提がすべて成立しているが，結論は偽であるからだ。

これらの例から具体的な名詞を記号に置き換えてみると，以下のようなパターンの推論であることがわかる。

(P1)　A は B である。B は C である。だから，A は C である。

(P2)　A は B だ。だから，任意の x について x が A であり，かつ x が C であれば，x は B であり，かつ x が C だ。

(P3)　A は B ではない。A は C である。だから，B は C ではない。

(P4)　A は B ではない。B は C である。だから，A は C ではない。

このアリストテレスの三段論法に由来する演繹的推論の妥当性概念は、数学の推論を自動化するために関数概念を導入して拡張された一階述語論理にも引き継がれた。「数学に現れる定義をすべて仮定したときに，数学の定理がすべて自動的に推論されるとしたら，素晴らしい！」そういう自動推論システムを作るのは古来からの夢であった。もっとも最近の推進計画は，ダーフィット・ヒルベルトにより提案された「数学の形式化」であった。本書の第 15 章で詳細に述べる。

演繹的推論の妥当性を確かめるにはあらゆる可能な場合分けを考えて，反例がないか探す必要がある。特に数学のような場合には，具体例が無限個あるのが普通である。たとえば，「正方形ならば，四角形である」という文が真であることを示すために，すべての正方形を並べて確かめようとしても，正方形は無限にたくさん存在するから，調べつくすことはできない。このように「しらみつぶし」がうまくいかないとしても，反例の有無を判定する手続き的な方法は，次章以降で議論する。

1.3 本書で扱う論理と言語の範囲

1.3.1 「論理」は唯一ではない

冒頭に述べたように，論理学とは，論理を扱う学問であり，その論理の中心的な行為は推論である。

ところで，私たちは「考える立場によって，真であるのか，真でないのかが，変わってはいけない」と考えてしまうが，論理学では，そのようには捉えていない。ひとことで「論理」と言っても，じつはいろいろな論理がある。扱う論理概念の範囲，真と偽の価値観，対象となる構造によって，異なる論理がある。すなわち，「論理」は唯一ではない。

1.3.2 命題論理と述語論理

本書では，最初に「真」「偽」に関する「命題論理」を扱う。命題論理では，「でない」「かつ」「または」「ならば」の 4 つの概念を用いて，議論を行う。

次に，命題論理を前提として，これに「すべて」「存在」という論理概念（言葉）を導入した論理を扱う。これを「述語論理」と呼ぶ。

たとえば，ある命題 $P(x)$ は，x の値によって真偽が異なるかもしれない。このような命題に対して，次の書き方をする。

- $\forall x P(x)$ は，x がどんな値であっても，$P(x)$ が真となる
- $\exists x P(x)$ は，$P(x)$ が真となる x が存在する

ここで用いられた $\forall$, $\exists$ の記号は量化記号と呼ばれ述語論理を特徴づける記号である。

1.3.3 古典論理

「真」と「偽」についての価値観については，本書では当分の間は，古典論理と呼ばれる考え方を取り扱う。これは，

「すべての命題は，真であるか，真でないかのどちらかである。」

とする考え方である。これを，「排中律」と呼ぶ。この古典論理では「中間的に真である」ということは認められないし，また，「『真でないもの』でないもの」は「必ず真である」（二重否定は肯定に等しい）となる。

古典論理であれば，反例が絶対に存在しないことを示すことで，元の推論の妥当さを証明することができる。つまり，これは，「A ならば B」を示す代わりに，「A なのに B が成り立たない」ということがありえないことを示すことができる。これを**背理法**という。

また，古典論理では，「A ならば B」は「A でない，または，B」となる。

非古典論理（古典論理でない論理）については，本書の最後の方で取り上げる。

1.3.4 純粋な論理学と数論

命題論理も，述語論理も，いずれも「真」「偽」を取り扱う論理であって，それ自身には「数」の概念は含まれていない。また，本書では当面の間は古典論理を取り扱い，論理概念は，対象が「真」「偽」のみである。

この命題論理や述語論理では，0, 1, 2, … という数論（数に関する議論）が含まれていない。したがって，前節で述べた「$s+c \geq M$」のような「自然数の構造（不等式など）」に関する議論を取り扱うことはできない。いわば，純粋な論理学である。

本書では，自然数の構造を採り入れた論理は，取り扱わない。

1.3.5 ベン図

ベン図とは，19 世紀のイギリスの数学者ジョージ・ベンが考案し，後にドイツの数学者レオンハルト・オイラーによって改良された，複数の集合の関係を表す図である。

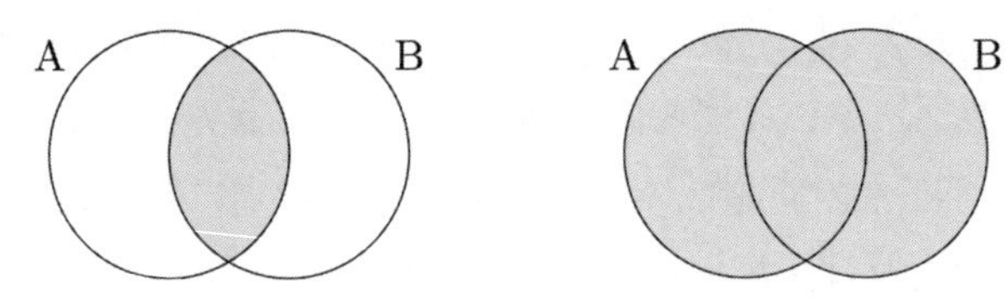

図 1.3 ベン図による「かつ」と「または」の表現

たとえば，2 つの集合 A，B の両方に含まれる要素は，図 1.3 の左側の灰色の部分に含まれると図示され，また，2 つの集合 A，B のどちらかに含まれる要素は，図 1.3 の右側の灰色の部分に含まれると図示される。つまり，左側の灰色の部分は「かつ」を，右側の灰色の部分は「または」を表していると考えられる。

ベン図は，簡単な集合の関係や，簡単な論理式が真であるか真でないかを考えるとき，見通しがよくなる図である。

1.4 言語，定義，公理，推論規則，定理，論争

1.4.1 言語

論理を考えるにあたり，使用される文字を定めておく必要がある。また，それらの文字をどのように並べておくかについても，あらかじめ定めておく。これを「言語を定める」という。

1.4.2 定義

論理的に物事を考えたり，他人と議論を行うときは，言葉や記号が，どのように使われるのか，その使い方を揃えておく必要がある。これを

「定義」という。もし，ある人は「かつ」を表すのに $\wedge$ を用いているが，別の人は「かつ」を表すのに $\vee$ を用いてしまっていたり，あるいは，ある人は排中律を疑いもなく利用しているが，別の人は排中律の利用を禁止して考えている場合などでは，この2人で論理学に関する会話（意思疎通）を行うのは，非常に困難となる。

1.4.3 公理

論理的に妥当かどうかを判断するには，「疑いようがないルール」を定めておく必要がある。これを公理[6)]と呼ぶ。たとえば，「A を仮定すると，A を結論とすることができる」というのは，当たり前すぎるので公理として考えるのが自然である。すなわち，$A \to A$ は真である命題と考えるのが自然[7)]であろう。$A \to A$ のように，どんな命題でも「疑うべきでない」公理は論理的公理と呼ばれる。一方で，たとえば「平行線は交わらない」のような記述は，幾何に関する公理であるので，非論理的公理と呼ばれる。

1.4.4 推論規則

公理が定まると，公理同士を組み合わせて新しい「真の命題」を作ることができる。このときの組み合わせ方を推論規則と呼ぶ。推論規則については，このあとに続く章で詳しく取り上げる。

6）ユークリッド原論では，「公理」のうち，特に疑いようがない5つを「公準」として区別していた。
7）ヒルベルトが提案した演繹体系では，$A \to A$ は公理ではない。

1.4.5 定理

推論規則を用いて得られた「真の命題」が，定理である。ただし，数学者・論理学者は，真である命題であれば何でも「定理」と呼ぶことはしない。「定理」と呼ぶのは，それが有用な別の定理の証明に役立てられそうなときに限られている。また，重要な定理を証明するために，補助的に利用される定理を「補題」という名前で区別することがある。

1.4.6 論争

ところで，我々は，日常生活において，さまざまなことを考え，検討や評価をして生活をしている。人それぞれ，当たり前だと感じていることが異なっている。ひとりひとりが異なる境遇（環境）で育ち，そして，現時点でも異なる状況で生活していることを考えると，当然の状況である。

仮に，会話に参加する人が全員，善意の参加者（他者を騙したり，会話をゲームとして楽しんでいる人ではない）であったとしても，ひとりひとりの「当然」が異なるために，議論がうまく噛み合わないことがある。つまり，日常生活の会話においても，ひとりひとりが思う「定義，公理，推論規則，定理」が異なっていて，論争が始まってしまう。

論理学を学ぶ，ということは論争の理由を発見できる能力を養うことでもある，といえる。

1.5 「真である」「定義」を，正しく定義する

ここまでに述べてきたように，論理とは，物事の正しさについての組み立てである。では，「物事の正しさ」と「組み立て」とは，何だろうか。そして，「物事」や「正しさ」とは，何だろうか。

このように考えていくと，私たちは，これらの言葉を定義しない限り，「物事の正しさを組み立てる」ことすらできないということに気付かされ

る。そして,「定義する」という言葉の意味もまた, 定義できていないことにも気づく。

このようにして,「何が真であるのか」を追い求めることは, 真であることを知ろうとして考えるための基本となることである。だが, このままでは「真である」の正しさや,「定義」を定義するには, 今までの言葉使いでは, 精密な議論ができない。循環論法（堂々巡り）になってしまう。

このようなことを議論するには, メタ言語と呼ばれる言葉の使い方について知る必要がある。一段, 高い立場で議論をすることから,「二階論理」「高階論理」ということもある。

本書では,「メタ言語」には立ち入らないことにして,「真である」や「定義する」という言葉は, 私たちが日常で使う言葉（自然言語）の意味で考えることにする。メタ言語やメタ数学については, Kleene の Introduction to Metamathematics [4] などを参照されたい。

参考文献

[1] 大西 琢朗『論理学（3STEP シリーズ）』（昭和堂, 2021 年）

[2] 前原 昭二『記号論理入門［新装版］』（日本評論社, 2005 年）

[3] 萩谷 昌己, 西崎 真也『論理と計算のしくみ』（岩波書店, 2017 年）

[4] Stephen Cole Kleene, “Introduction to Metamathematics”, Princeton, NJ, USA: North Holland, 1952

演習問題 1

1. 次の語句を，下の空所に補い，文意が通るようにしなさい。

学問，偽，議論，経験，結論，前提，妥当，反証，命題，論争

論理学が研究する推論は，（ 1 ）と（ 2 ）から成り立ち，（ 1 ）はひとつないし複数の（ 3 ），（ 2 ）はひとつの（ 3 ）である。（ 3 ）については，それが正しいか，間違っているかを言えなければならない。論理学の目的は，そのような推論のなかで，正しいものを選び出すことである。正しい推論を，この科目では（ 4 ）な推論と呼ぶことにする。他方，正しい（ 3 ）は，真である（ 3 ）と呼ぶことにして，そうでないものを（ 5 ）である命題と呼ぶことにする。推論を積み重ねて，幅広い範囲の（ 1 ）から複数の推論を経て深い内容の（ 2 ）を導くことを（ 6 ）と呼ぶが，複数の人が同じテーマについて（ 6 ）をすると，それぞれの人が（ 1 ）や（ 2 ）とする知識内容が違ってくるので，結果として，意見の相違が生じる。このとき，その相違の原因を探り，お互いに，相手が自分の意見を認めるようにさせる行為はふつう（ 7 ）と呼ばれている。推論は，さまざまな場面で利用されており，とりわけ，（ 8 ）の脈絡のなかでは重要な役割をはたす。（ 8 ）においては，（ 9 ）によって真である（ 3 ）と真ではない（ 3 ）との関係が重要になり，（ 8 ）によって真であるとされながら，（ 9 ）によっては真でない（ 3 ）が存在すると，そのような（ 8 ）の理論は（ 10 ）されることになる。

2 記号・式・命題

大西琢朗

《目標＆ポイント》一階述語論理の言語を定義し，式や命題の概念を解説する。
《キーワード》記号，式，代入，閉じた式，命題

この章では，一階述語論理の言語 $\mathcal{L}$ の構文論(統辞論などとも呼ばれる)を学ぶ。まずは1節で，$\mathcal{L}$ を構成する**記号**を定義する。それらは，$\mathcal{L}$ という言語の単語だと言える。単語の次は文法である。たとえば英語を学ぶ際に私たちは，英単語を覚えると同時に，それらをどのように組み合わせれば意味のある文(命題)と認められるかという英語の文法も学ぶ。2節，3節ではそれと同様に，$\mathcal{L}$ の記号を組み合わせて**式**ならびに**命題**を形成するための $\mathcal{L}$ の文法を学ぶ。

$\mathcal{L}$ の文法は，それを構成する記号が何を意味するかについてはまったく考慮することなく定義される。記号の意味を扱う**意味論**は次章以降で学ぶ。

2.1 記号

定義 2.1 (記号)**.** 一階述語論理の言語 $\mathcal{L}$ は，次の**記号**から構成される。

1) 結合記号：$\neg, \wedge, \vee, \rightarrow$
2) 量化記号：$\forall, \exists$
3) 個体記号：
   - 個体変項：$\mathsf{x}, \mathsf{y}, \mathsf{z}, \mathsf{w}, \ldots$
   - 個体名：$\mathsf{a}, \mathsf{b}, \mathsf{c}, \mathsf{d}$

4）　述語記号：次のように項数が指定されている。

- 1 項述語記号：C, T, P, H, M, S
- 2 項述語記号：$\doteq$, R, L, V, W, S′, H′
- 3 項述語記号：I

個体変項は無限個用意されているものとする。個体変項はしばしば省略して単に「変項」と呼ぶ。

結合記号はそれぞれ，「否定記号(¬)」,「連言記号(∧)」,「選言記号(∨)」,「仮言記号(→)」と呼ぶ。量化記号はそれぞれ，「全称量化記号(∀)」,「存在量化記号(∃)」と呼ぶ。結合記号と量化記号はまとめて「論理定項」と呼ぶ。2 項述語記号の中の $\doteq$ は「同一性述語記号」である(以下では縮めて「同一性述語」とも呼ぶ)。他の述語記号とは異なる特別な意味をもつが，それについては次節以降の意味論において説明する。

2.2 式

定義 2.2 (式)**.** 一階述語論理の言語 $\mathcal{L}$ の**式**は次のように定義される。

1）　項数が n の述語記号 P のあとに n 個の個体記号 $t_1, \ldots, t_n$ が並んだ記号列

$$Pt_1 \cdots t_n$$

は式である。このような式を**原子式**と呼ぶ。

2）　A が式であるとき，¬ のあとに A が並んだ記号列は式であり，通常，$\neg A$ と書く。

3）　A, B が式であるとき，A，∧，B がこの順に並んだ記号列は式であり，通常，$A \wedge B$ と書く。このとき，A, B を**連言肢**と呼ぶ。

4）　A, B が式であるとき，A，∨，B がこの順に並んだ記号列は式であり，通常，$A \vee B$ と書く。このとき，A, B を**選言肢**と呼ぶ。

5）A, B が式であるとき，A，$\to$，B がこの順に並んだ記号列は式であり，通常，$A \to B$ と書く。このとき，A を仮言の**前件**，B を**後件**と呼ぶ。

6）A が式であるとき，$\forall$ と個体変項 x，A がこの順に並んだ記号列は式であり，通常，$\forall x A$ と書く。

7）A が式であるとき，$\exists$ と個体変項 x，A がこの順に並んだ記号列は式であり，通常，$\exists x A$ と書く。

8）以上によって式と認められたもの以外は式ではない。

式のうち，原子式でない式を**複合式**と呼ぶ。

注意 2.3. 上の定義に出てくる（イタリック体の）P は,（サンセリフ体の）1 項述語記号 P とは異なる記号である。前者は，P も含めた任意の述語記号（$\mathsf{C}, \doteq, \mathsf{R}, \mathsf{I}$ など）を表す記号である。同様に，x も x とは異なる。前者は $\mathsf{x}, \mathsf{y}, \mathsf{z}, \mathsf{w}, \ldots$ など任意の変項を表す記号である。ほかにも $t_1, \ldots, t_n$ や A, B なども使われているが，こうしたイタリック体の記号は（この定義 2.2 のように）$\mathcal{L}$ の文法や意味などを一般的に定義したり説明したりするための記号であり，$\mathcal{L}$ に属する記号ではない（この教科書では，$\mathcal{L}$ の個々の記号や式はサンセリフ体で印刷される）。次のように約束しておく。

- s, t（およびそれらに $t_1, t_2, \ldots$ のように添え字を付けたもの）は，任意の個体記号を表す。
- x, y, z, w（およびそれらに添字を付けたもの）は任意の変項を，a, b, c, d（およびそれらに添字を付けたもの）は任意の個体名を表す。
- P, Q, R（およびそれらに添字を付けたもの）は任意の述語記号を表す。
- A, B, C（およびそれらに添字を付けたもの）は任意の式を表す。

また，これらイタリック体の記号と同種の記号として，以下では

$$(,\ ),\ [,\ ],\ \ldots$$

などのカッコを用いる。これらは，式の構造をわかりやすくするために用いる記号であり，やはり $\mathcal{L}$ に属する記号ではない。

2.2.1 原子式

上の定義に従って，式とはどのようなものか，具体的に見ていこう。定義 2.2.1)にある原子式とは，

$$\mathsf{Ca},\ \doteq\mathsf{ab},\ \mathsf{Rxy},\ \mathsf{Ixyz}$$

のような記号列である。述語記号に指定された項数と個体記号の数が一致していることに注意しよう。たとえば，C は 1 項述語記号なので，Cax のように個体記号を 2 つ並べた記号列は式ではない。

ところで，先に $\doteq$ は同一性述語であると述べたが，$\mathcal{L}$ では，$\mathsf{a} \doteq \mathsf{b}$ ではなく $\doteq\mathsf{ab}$ と書く(前者を中置記法，後者を前置記法と言う)。前者の書き方は 2 項述語記号の場合はよいが，3 項述語記号を含む原子式を書くのには適していない(xIyz? xyIz?)。さまざまな項数の述語記号を統一的に扱うには，後者の前置記法が適しているのである。

2.2.2 結合記号・量化記号

原子式に対して定義 2.2. の 2)-7)のいずれかを適用すれば，結合記号や量化記号を含む，複合式が形成できる。たとえば，

$$\neg\mathsf{Ca},\ \mathsf{Ca} \wedge \doteq\mathsf{ab},\ \forall\mathsf{yRxy}$$

などである。このようにして得られた式に対して，再び2)-7)のいずれかを適用すると，さらに複雑な

$$\neg Ca \vee \neg Rxy,\ Ixyz \rightarrow (Ca \wedge \doteq ab),\ \exists x\forall yRxy$$

などが形成できる。このプロセスはどこまでも続けていくことができる。

すべての式は，原子式に対して，定義2.2.の2)-7)の形成ステップを何回か繰り返すことで，段階的に形成される。逆に，適切な形成プロセスを特定できないような記号列は，8)にあるように，式とは認められない。

式ではない記号列の例を見ておこう。

- $C \wedge Pa$：Cがそもそも式ではないので，$\wedge$と(原子)式Paと並べても式にはならない。
- $Cx\neg Pa$：Cxと$\neg Pa$という2つの式を結合するには，$\wedge, \vee, \rightarrow$のいずれかが必要である。あるいは，$\neg$では，CxとPaという2つの式を結合することはできない。
- $\rightarrow Pa$：$\rightarrow$で複合式を作るには，2つの式で$\rightarrow$を挟まなければならない。
- $\forall Cx$：$\forall$で複合式を作るには，右側の式とのあいだに何らかの変数を置かなければならない。

2.2.3 形成木

上の$\neg Ca \vee \neg Rxy$という式は，一方で，Cとaからできた原子式Caに否定記号$\neg$を付けるという手順で$\neg Ca$を形成し，他方で，R, x, yからできた原子式Rxyに否定記号$\neg$を付けるという手順で$\neg Rxy$を形成し，そして最後にそれらを，

$$\boxed{\neg Ca} \vee \boxed{\neg Rxy}$$

という形で結び付ける，という手順で形成されたものである。こうした

式の形成プロセスは，次のような**形成木**で表すことができる。

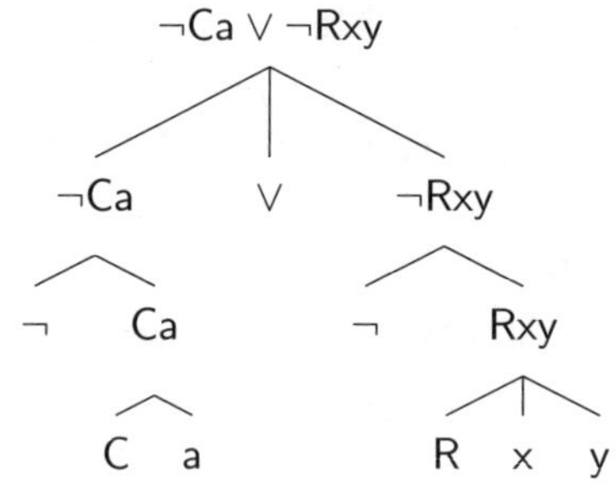

つまり，式というのは，単に記号が

$$\neg, \quad C, \quad a, \quad \vee, \quad \neg, \quad R, \quad x, \quad y$$

という具合に横一列に並んでできているわけではなく，上のような木の形をした構造を備えている。

別の例を見よう。次の 2 つの式は，(カッコを除いて)同じ記号が左から同じ順番で現れるが，形成木が表しているように，異なるプロセスで形成された別の式である。

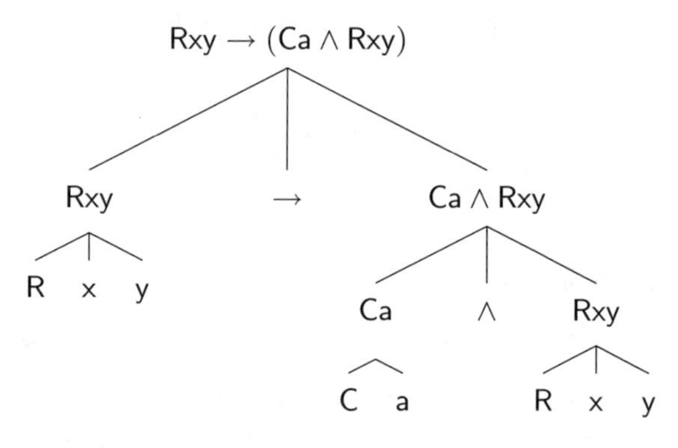

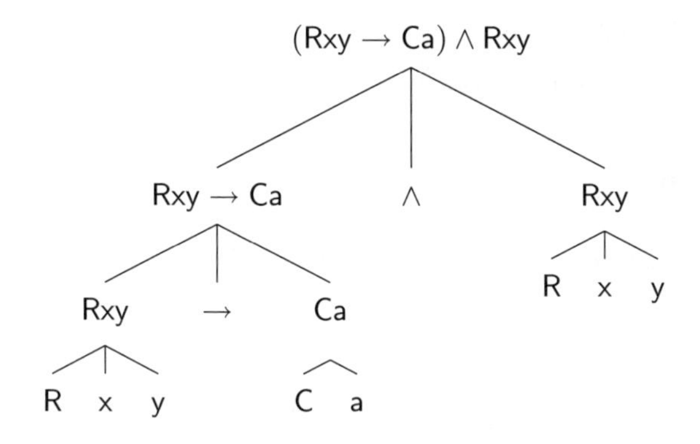

注意 2.4. 上の例からわかるように，式の形成プロセスとそれによって決まる式の構造を，誤解の余地がないように表すためには，カッコを適切に用いる必要がある。ただ，あまり煩雑にならないように，ここでは，

- 原子式にはカッコは付けない
- $\neg, \forall, \exists$ は，$\wedge, \vee, \rightarrow$ よりも結合力が強いものと見なす

というとりきめを採用している。たとえば上の $\neg\mathsf{Ca} \vee \neg\mathsf{Rxy}$ は，カッコを使ってその形成プロセスをすべて明示するなら，

$$(\neg(\mathsf{Ca})) \vee (\neg(\mathsf{Rxy}))$$

だが，このようなカッコはわざわざ書かなくてよい。逆に，

$$\neg(\mathsf{Ca} \vee \neg\mathsf{Rxy})$$

のカッコは省略してはいけない。つまり，カッコなしなら Ca は $\neg$ と結びつくものとし，$\vee$ と結びつけるときだけ，カッコでそれを明示するものとする。結合力の強さにかんしてもう少し例を見ておく。

- $\forall\mathsf{xPx} \rightarrow \mathsf{Qx}$ は，カッコを丁寧に付けるなら $(\forall\mathsf{xPx}) \rightarrow \mathsf{Qx}$ であり，$\forall\mathsf{x}(\mathsf{Px} \rightarrow \mathsf{Qx})$ とは異なる。

- $\mathsf{Tb} \wedge (\exists\mathsf{ySy} \vee \mathsf{My})$ も同様に，$\mathsf{Tb} \wedge \big((\exists\mathsf{ySy}) \vee \mathsf{My}\big)$ であり，$\mathsf{Tb} \wedge \big(\exists\mathsf{y}(\mathsf{Sy} \vee \mathsf{My})\big)$ とは異なる。

2.3 命題

この節では**代入**の操作を定義し，それに基づいて**閉じた式**および**命題**の概念を定義する。

定義 2.5 (代入). A を式，x を変項，a を個体名とする。このとき，**A 中の x への a の代入** A^x_a を次のように定義する[1]。

1) A が原子式のとき，A^x_a は，A に現れている x をすべて a に置き換えた結果である。

2) A が $\neg B$ という形をしているとき：

$$(\neg B)^x_a = \neg B^x_a.$$

3) A が $B \wedge C$ という形をしているとき：

$$(B \wedge C)^x_a = B^x_a \wedge C^x_a.$$

4) A が $B \vee C$ という形をしているとき：

$$(B \vee C)^x_a = B^x_a \vee C^x_a.$$

5) A が $B \to C$ という形をしているとき：

$$(B \to C)^x_a = B^x_a \to C^x_a.$$

---

1) 以下の定義に出てくる「=」は，$\mathcal{L}$ に属する記号 $\doteq$ ではない。これもやはり，カッコや A, B といった記号と同じく，$\mathcal{L}$ について説明するための記号である。

6)　A が $\forall yB$ という形をしているとき：

$$(\forall yB)^x_a = \begin{cases} \forall yB^x_a & y \neq x \text{ のとき}, \\ \forall yB & y = x \text{ のとき}. \end{cases}$$

7)　A が $\exists yB$ という形をしているとき：

$$(\exists yB)^x_a = \begin{cases} \exists yB^x_a & y \neq x \text{ のとき}, \\ \exists yB & y = x \text{ のとき}. \end{cases}$$

例 2.6.

$$(\mathsf{Lxy})^{\mathsf{x}}_{\mathsf{a}} = \mathsf{Lay} \tag{2.1}$$

$$(\mathsf{Lay})^{\mathsf{x}}_{\mathsf{b}} = \mathsf{Lay} \tag{2.2}$$

$$\begin{aligned}(\mathsf{Lxy} \wedge \mathsf{Ryb})^{\mathsf{y}}_{\mathsf{a}} &= (\mathsf{Lxy})^{\mathsf{y}}_{\mathsf{a}} \wedge (\mathsf{Ryb})^{\mathsf{y}}_{\mathsf{a}} \\ &= \mathsf{Lxa} \wedge \mathsf{Rab} \end{aligned} \tag{2.3}$$

$$(\forall \mathsf{xWxy})^{\mathsf{x}}_{\mathsf{a}} = \forall \mathsf{xWxy} \tag{2.4}$$

$$(\forall \mathsf{xWxy})^{\mathsf{y}}_{\mathsf{a}} = \forall \mathsf{xWxa} \tag{2.5}$$

$$\begin{aligned}\big(\forall \mathsf{xWxy} \to \mathsf{Vxy}\big)^{\mathsf{x}}_{\mathsf{a}} &= (\forall \mathsf{xWxy})^{\mathsf{x}}_{\mathsf{a}} \to (\mathsf{Vxy})^{\mathsf{x}}_{\mathsf{a}} \\ &= \forall \mathsf{xWxy} \to \mathsf{Vay} \end{aligned} \tag{2.6}$$

(2.1) がもっとも単純なケースである。(2.2) では代入するための変項 x が Lay には現れていないため，代入の操作を適用しても変化は起こらない。同様の事態は量化記号によっても引き起こされる（上の 6)，7) を参照)。すなわち，(2.4) のように，∀x の右の式の中では x への代入はいわばブロックされ，変化は起こらない((2.5) と比較してみよう)。

また，(2.6) が示すように，量化記号によってどの変数への代入が不可能になるか，その範囲には注意が必要である。これについては，式の形成木を書くと明確になる。

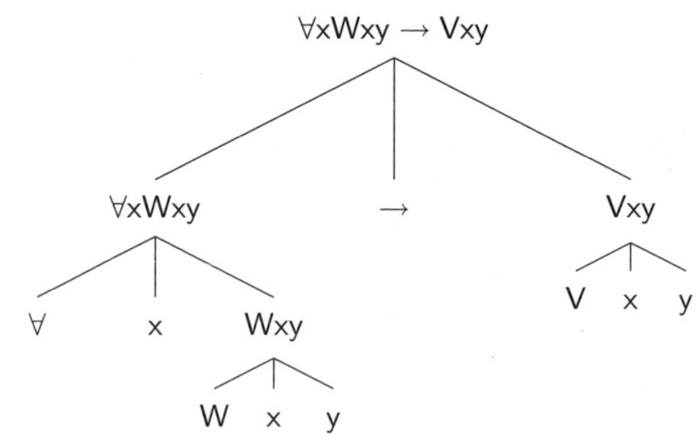

この式の形成プロセスの中で，∀x と結び付けられているのは Wxy である。この Wxy のように，量化記号と変数の直後に現れている式(定義 2.2 の 6), 7)の A にあたる式)を，その量化記号の**スコープ**と呼ぶ。そして，スコープの中では対応する変数への代入は不可能になる。それに対して Vxy の中の x は，ここでの量化記号のスコープの外にあるので代入が可能である。

以上の代入の操作に基づいて，次のように定義する。

定義 2.7 (閉じた式・命題)**.** 式 A が**閉じた式**と呼ばれるのは，任意の変数 x と個体名 a に対して，

$$A^x_a = A$$

となるとき，すなわち，どのような仕方で代入をしても変化が生じないときである。閉じた式は**命題**とも呼ばれる。

演習問題 2

1. 次の記号列のそれぞれが式であるかどうかを判定しなさい。

(1)　$Cab \land Rba$　　(2)　$\neg Iabc \to Rab$

(3)　$\land Ca \lor Tb$　　(4)　$Iaaa$

(5)　$Lab \lor \exists x(Cx \land Iacx)$　　(6)　$\forall S'xy$

(7)　$\forall y(Ma \to Mc)$　　(8)　$\forall x \lor \exists zIaxz$

2. 次の式に対して形成木を書きなさい。

(1)　$\neg Pa \lor Iabc$　　(2)　$\neg(Pa \lor Iabc)$

(3)　$\forall xTx \to Lax$　　(4)　$\forall x(Tx \to Lax)$

(5)　$\exists y(\neg\forall x(Ty \to Rxy) \land Iaxy)$　　(6)　$\exists y\neg\forall x(Ty \to Rxy) \land Iaxy$

(7)　$\exists y\neg\forall x((Ty \to Rxy) \land Iaxy)$　　(8)　$\exists y\neg(\forall x(Ty \to Rxy) \land Iaxy)$

3. 次の代入を行った結果がどうなるか確かめなさい。

(1)　$(Py \land Ixyz)^{y}_{a}$　　(2)　$(\forall xH'xa \land Hx)^{x}_{b}$

(3)　$(Rxx)^{x}_{a}$　　(4)　$(\exists y((Sy \to Vxy) \land \forall xIxxa))^{x}_{a}$

4. 次の式が閉じた式(命題)であるかどうかを判定しなさい。閉じていない場合には，どのように量化記号を付け加えれば閉じるかを考えなさい。

(1)　$\forall xPx$　　(2)　$\exists xLxy$

(3)　$\neg S'yy$　　(4)　$\forall x(H'xz \to Iyyy)$

(5)　$\exists z\neg(Cz \land \forall y(Lyz \to Cz))$　　(6)　$Px \to \forall y(Py \land Ixxy)$

3 命題の意味

大西琢朗

《目標＆ポイント》一階述語論理の言語に対する意味論を，モデルおよびモデルにおける真偽の概念を通じて定義する。

《キーワード》意味論，モデル，解釈，真偽

この章では $\mathcal{L}$ に対する**意味論**を学ぶ。$\mathcal{L}$ という言語が何を表しているかということは，それに対する**モデル**によって定式化される。モデルとは，ある種の仮想的な状況を数学的に記述したものである。モデルにおいては，形式言語の記号に**解釈**が与えられ，その解釈にしたがって命題の**真偽**が決定される。次章で見るように，このモデルにおける真偽の概念によって推論の妥当性が定義される。

この章では，モデルの概念を直観的に理解できるよう図を使って説明するが，集合論という数学的な道具立てを用いた正式な定義も提示する。その定義に必要なかぎりでの集合論の概念を，本章の最後で簡単に説明しているので，なじみのない読者はまずそちらを参照してほしい。

3.1 モデルとは

右の図 3.1 のような格子の上の図形の配置を「格子モデル」と呼ぶことにする。前章で導入した $\mathcal{L}$ は，こうした格子モデルを描写するための言語である。個体名と述語記号からできる原子

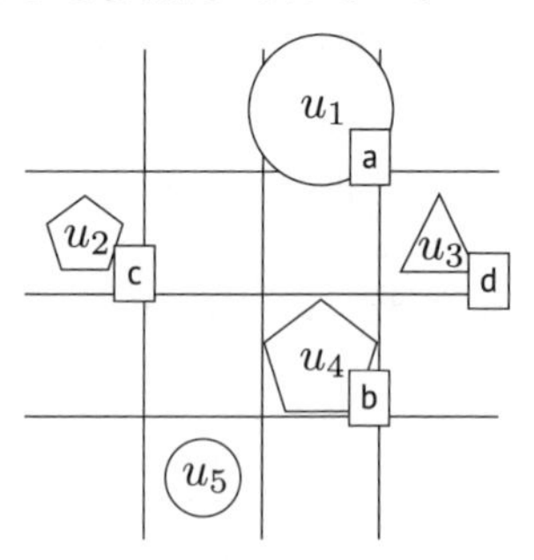

図 3.1　格子モデル $\mathcal{M}_1$

原子命題	意味
Ca	a は円である
Ta	a は三角形である
Pa	a は五角形である
Ha	a は大きい
Ma	a は中くらいの大きさである
Sa	a は小さい
S′ab	a は b よりも小さい
H′ab	a は b よりも大きい
≐ab	a と b は同じ個体である。
Rab	a は b よりも右にある (a は b よりも図の右端に近い)
Lab	a は b よりも左にある (a は b よりも図の左端に近い)
Vab	a は b よりも上にある(a は b よりも図の上端に近い)
Wab	a は b よりも下にある(a は b よりも図の下端に近い)
Iabc	a と b と c は，同一行か同一列か同じ対角線上にあるかのいずれかであり，a は b と c の間にある

表 3.1　原子命題の意味

命題の意味は表 3.1 のとおりとする。

格子モデル $\mathcal{M}_1$ においては，たとえば，u_4 という図形には，b という個体名が付されており，その形は五角形である。つまり，b は五角形だ。そして上の表では P が「五角形」を意味する。このようなとき，「Pb はモデル $\mathcal{M}_1$ において真である」といい，

$$\mathcal{M}_1 \Vdash \mathsf{Pb}$$

と書く。図形の種類の点で言えば，同様に，

$$\mathcal{M}_1 \Vdash \mathsf{Ca},\ \mathcal{M}_1 \Vdash \mathsf{Pc},\ \mathcal{M}_1 \Vdash \mathsf{Td}$$

であることがわかるだろう。大きさの点で言えば，u_1 がもっとも大きく，u_4 は中くらい，u_2, u_3, u_5 がもっとも小さい部類である。したがって，

$$\mathcal{M}_1 \Vdash \mathsf{Ha},\ \mathcal{M}_1 \Vdash \mathsf{Mb},\ \mathcal{M}_1 \Vdash \mathsf{Sc},\ \mathcal{M}_1 \Vdash \mathsf{Sd}$$

である。以上からわかるように，1 項述語記号は形や大きさといった，個体の属性を意味する。次に，2 項述語記号を使った原子命題を見てみよう。

たとえば，a と b の大きさを比べれば，a のほうが大きく，b のほうが小さい。このようなとき，先ほどと同様に「$\mathsf{H'ab}$ ($\mathsf{S'ba}$) はモデル $\mathcal{M}_1$ において真である」と言い，

$$\mathcal{M}_1 \Vdash \mathsf{H'ab},\ \mathcal{M}_1 \Vdash \mathsf{S'ba}.$$

と書く。ほかにも，d よりも c のほうが左にあるので，$\mathcal{M}_1 \Vdash \mathsf{Lcd}$ であり，また同様に，

$$\mathcal{M}_1 \Vdash \mathsf{Rdb},\ \mathcal{M}_1 \Vdash \mathsf{Vab}$$

などが言える。このように，2 項述語記号は，大小関係や位置関係など，2 つの個体のあいだの関係を意味する。同様に，3 項述語記号が意味するのは，3 つの個体のあいだの関係である。

一方，このモデルにおいて真ではない命題もある。たとえば，c は三角形ではないので，$\mathcal{M}_1 \Vdash \mathsf{Tc}$ ではない。このようなとき，「Tc は $\mathcal{M}_1$ において偽である」といい，

$$\mathcal{M}_1 \nVdash \mathsf{Tc}$$

と書く。他にも多くの原子命題が $\mathcal{M}_1$ において偽になる。

$$\mathcal{M}_1 \nVdash \mathsf{Cd},\ \mathcal{M}_1 \nVdash \mathsf{Lda},\ \mathcal{M}_1 \nVdash \mathsf{Iabc},\ \mathcal{M}_1 \nVdash \mathsf{Wcb}$$

などである。

さて，モデルが変わると命題の真偽も変わる。右の $\mathcal{M}_2$ では，d が三角形ではなく円になった。つまり，

$$\mathcal{M}_1 \Vdash \mathsf{Td} \text{ だったが } \mathcal{M}_2 \nVdash \mathsf{Td},$$

$$\mathcal{M}_1 \nVdash \mathsf{Cd} \text{ だったが } \mathcal{M}_2 \Vdash \mathsf{Cd}$$

である。また, $\mathcal{M}_2$ では個体名 a, c が付け替えられており，それに伴って

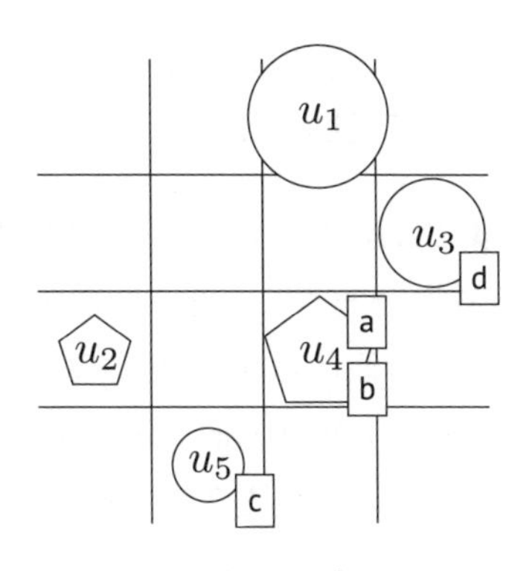

図 3.2　格子モデル $\mathcal{M}_2$

$$\mathcal{M}_2 \Vdash \mathsf{lacd},\ \mathcal{M}_2 \Vdash \mathsf{lbdc},\ \mathcal{M}_2 \Vdash \mathsf{Wcb}$$

といった違いが出てくる。これらは $\mathcal{M}_1$ では偽だった命題である。このように，命題の真偽はモデルに相対的なものである。

ここで同一性述語について見ておこう。$\mathcal{M}_2$ において，異なる 2 つの個体名 a と b が同じ図形 u_4 に付けられている。同一性述語を使った原子命題(同一性命題)は，このようなとき真になる。すなわち，

$$\mathcal{M}_2 \Vdash \doteq\mathsf{ab}$$

である。名前の順番を入れ替えて, $\mathcal{M}_2 \Vdash \doteq\mathsf{ba}$ としてもよいだろう。しかし，この $\mathcal{M}_2$ では，他の異なる名前の組み合わせで真になるものはない。

$$\mathcal{M}_2 \nVdash \doteq\mathsf{ac},\ \mathcal{M}_2 \nVdash \doteq\mathsf{ad},\ \mathcal{M}_2 \nVdash \doteq\mathsf{db}$$

などとなる。

3.2 モデルの厳密な定義

前節では格子モデルを図 3.1 のような図で直観的に表現したが，この節では，集合論という数学的な道具立てを用いて，モデルの概念を厳密

に，そして一般的に定義する。まず定義を先に提示し，その後，具体例を用いて説明する。

定義 3.1 (モデル)**.** ある空でない集合 U と次のような条件を満たす写像 v の対 $\mathcal{M} = \langle U, v \rangle$ を，言語 $\mathcal{L}$ に対する**モデル**と呼ぶ。

1）$\mathcal{L}$ の個体名 a に対して，U の要素 $v(a)$ を割り当てる。

2）$\mathcal{L}$ の n 項述語記号 P に対して，U^n の何らかの部分集合 $v(P)$ を割り当てる。ただし，同一性述語に対する割り当て $v(\doteq)$ はつねに

$$\langle u, u' \rangle \in v(\doteq) \iff u = u'$$

を満たさなければならない。

このような U を**個体領域**，v を**解釈**と呼ぶ。

定義 3.2 (原子命題のモデルにおける真偽)**.** $Pa_1 \cdots a_n$ を $\mathcal{L}$ の原子命題とし，$\mathcal{M} = \langle U, v \rangle$ を $\mathcal{L}$ に対するモデルとする。このとき，**モデル**$\mathcal{M}$ **において** $Pa_1 \cdots a_n$ **が真であるとは**，

$$\langle v(a_1), \ldots, v(a_n) \rangle \in v(P)$$

が成り立つことであり，このとき $\mathcal{M} \Vdash Pa_1 \cdots a_n$ と書く。これが成り立たないときには $\mathcal{M} \nVdash Pa_1 \cdots a_n$ と書き，$\mathcal{M}$ **において**$Pa_1 \cdots a_n$ **は偽であるという**。

3.2.1 個体領域

定義 3.1 にあるように，モデルは個体領域と解釈からなる。そのうち**個体領域**とは，話題の対象となる個体の集合である。個体領域はどんな集合でもよいが，空集合であってはいけない。すなわち，少なくとも 1 つの要素が属していなければならない。

引き続き，$\mathcal{M}_1$ を例にとって考えよう。$\mathcal{M}_1$ には 5 つの個体(図形)が出てきているが，これを集めたものが $\mathcal{M}_1$ の個体領域である。それを U_1 と書くことにすると，次のように表せる。

$$U_1 = \{u_1, u_2, u_3, u_4, u_5\}.$$

3.2.2 個体名の解釈

解釈は，個体名の解釈と述語記号に対する解釈からなる。まず個体名について見よう。$\mathcal{M}_1$ における $\mathcal{L}$ の個体名と図形(個体領域 U_1 の要素)の対応関係は，図 3.3 のように図示できる。この対応関係(v_1 と表すことにする)は，$\mathcal{L}$ の個体名のそれぞれに対し，個体領域 U_1 の要素を 1 つずつ割り当てる写像になっている。このような写像(ないしそれが割り当てる個体)が，個体名に対する解釈である。たとえば，$\mathcal{M}_1$ における a の解釈 $v_1(\mathsf{a})$ は u_1 であり，同様に，

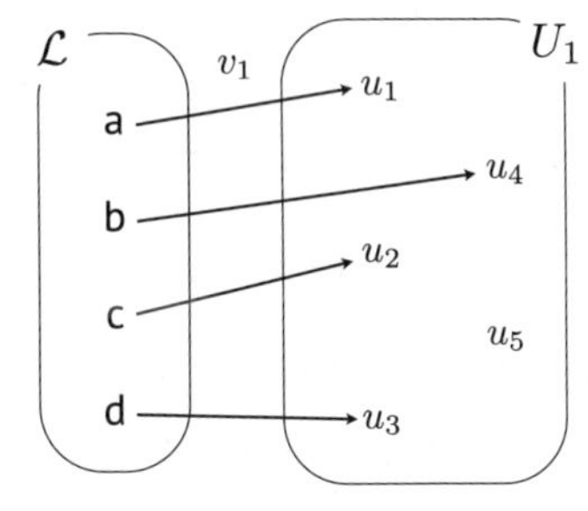

図 3.3　個体名の解釈

$$v_1(\mathsf{b}) = u_4,\ v_1(\mathsf{c}) = u_2,\ v_1(\mathsf{d}) = u_3$$

である。また，$\mathcal{M}_2$ の解釈を v_2 とすると，次のように表せる。

$$v_2(\mathsf{a}) = u_4,\ v_2(\mathsf{b}) = u_4,\ v_2(\mathsf{c}) = u_5,\ v_2(\mathsf{d}) = u_3.$$

次の点に注意する。すべての個体名には必ず何らかの個体が割り当てられるが，逆にすべての個体に名前が付いているとはかぎらない($\mathcal{M}_1$ の u_5 や $\mathcal{M}_2$ の u_1, u_2)。また，$\mathcal{M}_2$ において $v_2(\mathsf{a}) = v_2(\mathsf{b}) = u_4$ となってい

るように，2つ以上の個体名に同じ1つの個体を割り当ててもよい。しかし，1つの個体名に2つ以上の個体を割り当ててはいけない。

3.2.3 1項述語記号の解釈

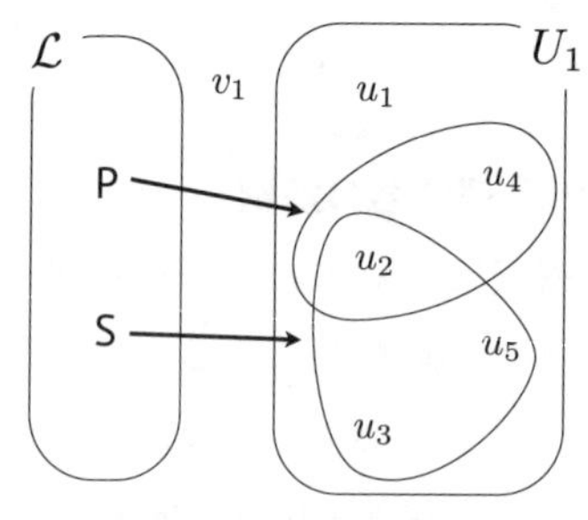

図 3.4　述語の解釈

次は述語記号の解釈である。「五角形」を意味する1項述語記号 P の $\mathcal{M}_1$ における解釈とは，$\mathcal{M}_1$ において実際に五角形であるものをすべて集めた集合である。すなわち，

$$v_1(\mathsf{P}) = \{u_2, u_4\}.$$

同様に，S の解釈 $v_1(\mathsf{S})$ は，サイズの小さな要素をすべて集めた集合 $\{u_2, u_3, u_5\}$ である。図 3.4 に図示したように，モデルにおける解釈は，1項述語記号に対しては，個体領域の要素からなる集合(個体領域の部分集合)を割り当てる。

他の述語記号の解釈，および $\mathcal{M}_2$ における解釈をいくつか挙げる。

$$v_1(\mathsf{T}) = \{u_3\}, \qquad v_1(\mathsf{M}) = \{u_4\}$$
$$v_2(\mathsf{T}) = \emptyset, \qquad v_2(\mathsf{H}) = \{u_3, u_4\}$$

特に，$\mathcal{M}_2$ には三角形がないため，T の解釈は空集合である。

述語記号の解釈を集合とする考え方は，原子命題のモデルにおける真偽の定義と密接に関連している。

$\mathcal{M}_1$ においては，Pc が真である($\mathcal{M}_1 \Vdash \mathsf{Pc}$)。このとき，図 3.3 と 3.4 を見比べるとわかるように，c の解釈 u_2 は，P の解釈 $\{u_2, u_4\}$ の要素になっている。すなわち，

$$v_1(\mathsf{c}) = u_2 \in \{u_2, u_4\} = v_1(\mathsf{P})$$

である。同様に，$\mathcal{M}_1 \Vdash \mathsf{Sc}$ でもあるが，今度はそれに合わせて，

$$v_1(\mathsf{c}) = u_2 \in \{u_2, u_3, u_5\} = v_1(\mathsf{S})$$

である。一方，d を見てみると，大きさの点では $\mathcal{M}_1 \Vdash \mathsf{Sd}$ であるから $v_1(\mathsf{d}) \in v_1(\mathsf{S})$ だが，五角形ではないので $\mathcal{M}_1 \nVdash \mathsf{Pd}$ であり，今度は

$$v_1(\mathsf{d}) = u_3 \notin \{u_2, u_4\} = v_1(\mathsf{P})$$

である。つまり一般に，原子命題のモデルにおける真偽は，「個体名の解釈が，述語記号の解釈として割り当てられた集合に属しているかどうか」で決まる。すなわち，任意のモデル $\mathcal{M} = \langle U, v \rangle$，1 項述語記号 P と個体名 a に対して，

$$\mathcal{M} \Vdash Pa \iff v(a) \in v(P).$$

集合論を使ったこの定義の要点は次のようなものである。$\mathcal{M}_1$ においては Pc も Sc も真である。すなわち，c は「五角形」という属性と「小さい」という属性をもっている。しかしひとくちに「属性をもつ」といっても，前者は形にかんする属性，後者は大きさにかんする属性であるから，それらは実際にはかなり性質の異なる事柄であるように見える。ただしひとつ言えるのは，どのような属性であれ，「c が当の属性をもつ」ということは，「c がその属性をもつ個体すべての集合の要素となっている」と言い換えられる，ということである。それゆえ，述語記号の解釈を集合として考えれば，「個体が属性をもつ」ということを，さまざまな属性の種類の違いを越えて，「集合とその要素」という共通の関係によって一般的に説明できるのである。

3.2.4 2 項述語記号および 3 項述語記号の解釈

1 項述語記号の解釈は，それが意味する属性を実際に持っている個体の集合である。2 項述語記号は 2 つの個体の間の関係を意味するので，その解釈とは，実際にその関係に立っている個体の順序対（ペア）を集めた集合となる。

たとえば S′ の $\mathcal{M}_1$ における解釈 $v_1(\mathsf{S}')$ は次のようになる。

$$v_1(\mathsf{S}') = \{\langle u_2, u_1\rangle, \langle u_2, u_4\rangle, \langle u_3, u_1\rangle, \langle u_3, u_4\rangle,$$
$$\langle u_4, u_1\rangle, \langle u_5, u_1\rangle, \langle u_5, u_4\rangle\}$$

実際，$\mathcal{M}_1$ においては u_2 は u_1, u_4 より小さいので，$\langle u_2, u_1\rangle, \langle u_2, u_4\rangle$ がこの集合に属している。他には，u_4 より大きいのは u_1 だけなので，$\langle u_4, *\rangle$ という形の順序対で $v_1(\mathsf{S}')$ に属しているのは $\langle u_4, u_1\rangle$ だけである。

同様に，L（左にある）の $\mathcal{M}_1$ における解釈は次のようになる。

$$v_1(\mathsf{L}) = \{\langle u_1, u_3\rangle, \langle u_2, u_1\rangle, \langle u_2, u_3\rangle, \langle u_2, u_4\rangle,$$
$$\langle u_2, u_5\rangle, \langle u_4, u_3\rangle, \langle u_5, u_1\rangle, \langle u_5, u_3\rangle, \langle u_5, u_4\rangle\}$$

以上のように，2 項述語記号の解釈は，個体領域の要素の順序対の集合であり，言い換えると，個体領域の積の部分集合である。

命題の真偽についても 1 項の場合と同様に，集合とその要素の関係から定義される。すなわち，2 項述語記号と 2 つの個体名からなる原子命題の真偽は，個体名の解釈として割り当てられた個体の順序対が，述語記号の解釈の要素になっているかどうかで決まる。すなわち一般に，モデル $\mathcal{M} = \langle U, v\rangle$，2 項述語記号 P と個体名 a, b に対して，

$$\mathcal{M} \Vdash Pab \iff \langle v(a), v(b)\rangle \in v(P)$$

と定義される。たとえば $\mathcal{M}_1$ において S′ba は真であり，S′ac は偽であ

るが，実際

$$\langle v_1(\mathsf{b}), v_1(\mathsf{a})\rangle = \langle u_4, u_1\rangle \in v_1(\mathsf{S}')$$
$$\langle v_1(\mathsf{a}), v_1(\mathsf{c})\rangle = \langle u_1, u_2\rangle \notin v_1(\mathsf{S}')$$

となっている。

3項述語記号についても同様である。3項述語記号の解釈は，順序三つ組の集合である。$\mathcal{M}_2$ における I (間にある) の解釈は，

$$v_2(\mathsf{I}) = \{\langle u_4, u_5, u_3\rangle, \langle u_4, u_3, u_5\rangle\}$$

となる。真偽の定義も同様であり，たとえば

$$\langle v_2(\mathsf{b}), v_2(\mathsf{c}), v_2(\mathsf{d})\rangle = \langle u_4, u_5, u_3\rangle \in v_2(\mathsf{I})$$

であるから，$\mathcal{M}_2 \Vdash \mathsf{Ibcd}$ である。そして，「間にある」という関係が成り立っているのはこの3つの個体の間だけであるから，他の個体名と I からなる命題はすべて偽である(また，$\mathcal{M}_1$ においては $v_1(\mathsf{I}) = \emptyset$ であるから，同様の形の命題はすべて偽である)。

こうした解釈の考え方は，任意の n 項述語記号についても同様である(現在扱っている $\mathcal{L}$ の述語記号は3項までだが，あとで見るように，ここに新しい述語記号を加えたり，別の述語記号をもつ新しい言語を定義したりすることもできる。その際の述語記号の項数には制限はなく，4項，5項…と大きな項数を考えてもよい)。すなわち，任意のモデル $\mathcal{M} = \langle U, v\rangle$，$n$ 項述語記号 P と個体名 $a_1, \ldots, a_n$ に対して，

$$\mathcal{M} \Vdash Pa_1 \cdots a_n \iff \langle v(a_1), \ldots, v(a_n)\rangle \in v(P).$$

最後に，同一性述語について注意しておく。たとえば $v_1(\mathsf{T})$ と $v_2(\mathsf{T})$ を比べるとわかるように，通常の述語記号の解釈はモデルごとに変化しう

る。それに対して，定義 3.1. の 2) にあるように，同一性述語の解釈はどのモデルでも同じである。この点で $\doteq$ は特別な述語記号である。また，いかなる $\mathcal{M} = \langle U, I \rangle$ においても，

$$\begin{aligned} \mathcal{M} \Vdash {\doteq}ab &\iff \langle v(a), v(b) \rangle \in v(\doteq) && (\text{定義 } 3.2) \\ &\iff v(a) = v(b) && (\text{定義 } 3.1) \end{aligned}$$

である。すなわち，${\doteq}ab$ が真であるのは，個体名 a と b に同じ個体が割り当てられているときである。

3.3 結合記号および量化記号

ここまでに，モデルの概念と，モデルにおける原子命題の真偽の概念を定義した。この節では論理定項を含む複合命題の真偽の概念を定義する。複合命題の真偽は，その部分となっている命題の真偽から決定される。たとえば，$A \wedge B$ があるモデルにおいて真であるのは，A と B の両方がそのモデルにおいて真のときである。$A \wedge B$ の真偽はその部分 A, B の真偽に還元され，最終的には原子命題の真偽に帰着する。複合命題の真偽の概念は，論理定項ごとにこうした還元の仕方を定めることにより定義されるが，その定義を行う前に，量化記号に関連してひとつ準備をしておく必要がある。

3.3.1 個体名の拡張

全称量化記号 $\forall$ は「すべて」を意味する。∀xPx とは「すべての個体は五角形である」を意味する。この命題のモデルにおける真偽を，原子命題の真偽に帰着させて定義するにはどうすればよいか。すぐに思いつくの

は「Px の変項 x に個体名を代入してできた命題がすべて真」，すなわち，

$$\mathcal{M} \Vdash \forall \mathsf{x} \mathsf{Px} \iff \mathsf{Pa}, \mathsf{Pb}, \mathsf{Pc}, \mathsf{Pd}\text{ がすべて }\mathcal{M}\text{ において真} \tag{3.1}$$

という定義である。しかし，これは ∀xPx の意味を正確に捉えられていない。前節で注意したように，個体領域のすべての要素が何らかの個体名に割り当てられるとはかぎらない。それゆえ，たとえ(3.1)の右辺が成り立っていても，それは，a, b, c, d に割り当てられた個体が五角形であると言っているだけであり，個体領域のすべての要素がそうであるということまでは保証されていないのである。

量化記号を用いることは，ある意味で，個体領域のすべての要素について言及することである。$\mathcal{L}$ に属する個体名だけでは，そうした言及を説明することはできない。では次の定義はどうだろうか。$\mathcal{M}$ の個体領域を $U = \{u_1, \ldots, u_n\}$ とし，個体名の代わりにそれらを Px に代入するというものである。

$$\mathcal{M} \Vdash \forall \mathsf{x} \mathsf{Px} \iff \mathsf{P}u_1 \ldots, \mathsf{P}u_n\text{ がすべて }\mathcal{M}\text{ において真} \tag{3.2}$$

この右辺では個体領域のすべての要素に言及できているように見えるが，しかし，この代入はそもそも意味をなしていない。$u_1, \ldots, u_n$ は U の要素であって，$\mathcal{L}$ の個体名ではないからである。

以上を踏まえて，少し人工的ではあるが次のような措置をとる。すなわち，与えられたモデルに対して，その個体領域のすべての要素に対する特別な名前を $\mathcal{L}$ に新しく加えて言語を拡張する。

定義 3.3. $\langle U, v \rangle$ を言語 $\mathcal{L}$ に対するモデルとする。このとき，U の各要素 u に対して，個体名 k_u を $\mathcal{L}$ に加えた言語を $\mathcal{L}(U)$ と呼ぶ。新しく加えられた個体名に対する解釈は，

$$v(\mathsf{k}_u) = u$$

と定める。また，個体領域の要素が $u_1, u_2 \ldots, u_i, \ldots$ と番号付きで表されているときは，対応する個体名は，$\mathsf{k}_1, \mathsf{k}_2, \ldots, \mathsf{k}_i, \ldots$ と表す(この場合の解釈は $v(\mathsf{k}_i) = u_i$ となる)。

たとえば，モデル $\mathcal{M}_1$ の個体領域 U_1 は $\{u_1, \ldots, u_5\}$ であったから，$\mathcal{L}(U_1)$ には，既存の個体名 $\mathsf{a}, \mathsf{b}, \mathsf{c}, \mathsf{d}$ に加えて，新しく $\mathsf{k}_1, \mathsf{k}_2, \mathsf{k}_3, \mathsf{k}_4, \mathsf{k}_5$ が含まれることになる。

3.3.2 モデルにおける真偽

定義 3.4 (モデルにおける真偽). $\mathcal{M} = \langle U, v \rangle$ を言語 $\mathcal{L}$ に対するモデルとし，A を $\mathcal{L}(U)$ の命題とする。このとき，**A がモデル$\mathcal{M} = \langle U, v \rangle$ において真である**($\mathcal{M} \Vdash A$ と書く)とは次が成り立つときであると定義する。ただし，以下で $\mathcal{M} \nVdash B$ とは $\mathcal{M} \Vdash B$ ではないということであり，このとき，**B は$\mathcal{M}$ において偽である**という。

1) A が n 項述語記号 P と個体名 $a_1, \ldots, a_n \in \mathcal{L}(U)$ からなる原子命題 $Pa_1 \cdots a_n$ のときは，定義 3.2 に従う。すなわち，

$$\mathcal{M} \Vdash Pa_1 \cdots a_n \iff \langle v(a_1), \ldots, v(a_n) \rangle \in v(P).$$

2) A が $\neg B$ の形をしているとき：

$$\mathcal{M} \Vdash \neg B \iff \mathcal{M} \nVdash B.$$

3) A が $B \wedge C$ の形をしているとき：

$$\mathcal{M} \Vdash B \wedge C \iff \mathcal{M} \Vdash B \text{ かつ } \mathcal{M} \Vdash C.$$

4) A が $B \vee C$ の形をしているとき：

$$\mathcal{M} \nVdash B \vee C \iff \mathcal{M} \nVdash B \text{ かつ } \mathcal{M} \nVdash C.$$

5）　A が $B \to C$ の形をしているとき：

$$\mathcal{M} \nVdash B \to C \iff \mathcal{M} \Vdash B \text{ かつ } \mathcal{M} \nVdash C.$$

6）　A が $\forall x B$ の形をしているとき：

$$\mathcal{M} \Vdash \forall x B \iff U \text{ のすべての要素 } u \text{ に対して } \mathcal{M} \Vdash B^x_{\mathsf{k}_u}.$$

7）　A が $\exists x B$ の形をしているとき：

$$\mathcal{M} \Vdash \exists x B \iff \mathcal{M} \Vdash B^x_{\mathsf{k}_u} \text{ を満たす } U \text{ の要素 } u \text{ が存在する}.$$

命題はモデルにおいて真でなければ偽であり，偽でなければ真である。だからたとえば $\mathcal{M} \Vdash A \vee B$ とは，「$\mathcal{M} \nVdash A \vee B$ ではない」ということであるから，定義に従えば「$\mathcal{M} \nVdash A$ ではないか，$\mathcal{M} \nVdash B$ ではないかのどちらか」ということであり，さらに言い換えると「$\mathcal{M} \Vdash A$ であるか，$\mathcal{M} \Vdash B$ であるかのどちらか」ないし「$\mathcal{M} \Vdash A$ または $\mathcal{M} \Vdash B$ である」となる。ただし上の定義で，$\vee$ と $\to$ にかんしては偽になる条件でその意味を定義しているのは，ここに出てくる「または」のような日本語の意味の曖昧さから生じる誤解を避けるためである。この問題については，第 8 章で関連する話題を扱う。

3.3.3 結合記号

右のモデル $\mathcal{M}_3 = \langle U_3, v_3 \rangle$ を使って結合記号を含む命題の真偽を判定してみよう。たとえば

$$\mathcal{M}_3 \Vdash \neg(\mathsf{Vab} \wedge \mathsf{Idab}) \qquad (3.3)$$

であるが，このことは次のような手順で確かめられる。

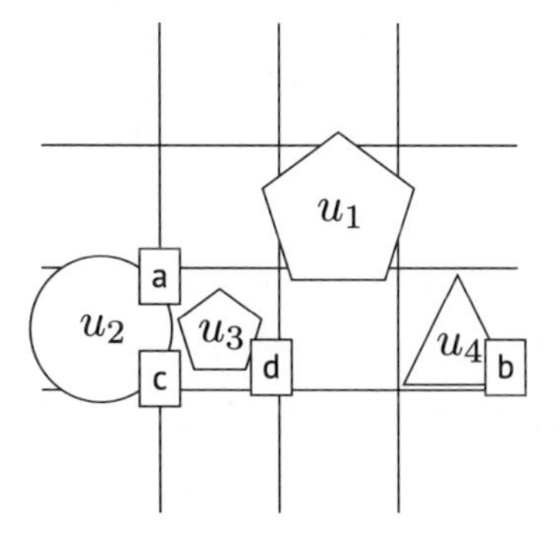

図 3.5　格子モデル $\mathcal{M}_3$

まず，$\neg(\mathsf{Vab} \land \mathsf{Idab})$ は $\neg A$ という形をしているので，定義 3.4. の 2) より (3.3) は，

$$\mathcal{M}_3 \nVdash \mathsf{Vab} \land \mathsf{Idab} \tag{3.4}$$

ということである。次に $\mathsf{Vab} \land \mathsf{Idab}$ は $A \land B$ という形をしているので，定義 3.4 の.3) を参照する。それによれば，あるモデルにおいて $A \land B$ が真であるのは A と B の両方が真のときである。それゆえ，A と B のどちらかが真ではないならば，$A \land B$ は真でない。つまり，(3.4) が成り立つためには，

$$\mathcal{M}_3 \nVdash \mathsf{Vab} \text{ または } \mathcal{M}_3 \nVdash \mathsf{Idab} \tag{3.5}$$

であればよい。ここで図を見てみると，d は a と b の間にあるので Idab は真 ($\mathcal{M}_3 \Vdash \mathsf{Idab}$) だが，a と b は同じ行の上にあるので，a が b の上にあるわけではない。つまり，$\mathcal{M}_3 \nVdash \mathsf{Vab}$ である。こうして (3.5)，(3.4) が満たされるので，(3.3) が成り立つことがわかる。

命題 $\neg(\mathsf{Vab} \land \mathsf{Idab})$ は，2 つの原子命題を連言で結合し，それに否定を付けるというプロセスで形成された命題である。モデルにおけるその真偽を判定する際には，この形成プロセスを逆にたどればよい。すなわち，まず定義 3.4 の否定にかんする条件，次に連言にかんする条件を適用する，という手順をとることで，元の複合命題の真偽を原子命題の真偽に還元して判定することができる。

別の命題 $\neg\mathsf{Vab} \land \neg\mathsf{Idab}$ の真偽を判定してみよう。$\neg(\mathsf{Vab} \land \mathsf{Idab})$ と形は似ているが，形成プロセスは異なる。すなわち，原子命題 Vab と Idab のそれぞれに否定を付け，その後それらを連言で結合する，というプロセスである。それゆえ，最初に適用すべきは定義 3.4 の連言にかんする

条件である。すると，$\neg \mathsf{Vab} \land \neg \mathsf{Idab}$ が $\mathcal{M}_3$ において真であるためには，

$$\mathcal{M}_3 \Vdash \neg \mathsf{Vab} \text{ かつ } \mathcal{M}_3 \Vdash \neg \mathsf{Idab} \tag{3.6}$$

でなければならない。次に，これらのそれぞれに否定の条件を適用すると，

$$\mathcal{M}_3 \nVdash \mathsf{Vab} \text{ かつ } \mathcal{M}_3 \nVdash \mathsf{Idab} \tag{3.7}$$

となる。すると $\mathcal{M}_3 \nVdash \mathsf{Vab}$ ではあるが，$\mathcal{M}_3 \nVdash \mathsf{Idab}$ ではない（すなわち $\mathcal{M}_3 \Vdash \mathsf{Idab}$ である）。それゆえ(3.7)，(3.6)は満たされず，$\neg \mathsf{Vab} \land \neg \mathsf{Idab}$ は $\mathcal{M}_3$ において真ではないことがわかる。

3.3.4 量化記号

量化記号を含む命題の真偽の判定をしてみよう。右の新しいモデル $\mathcal{M}_4 = \langle U_4, v_4 \rangle$ で考える[1)]。

$$\mathcal{M}_4 \Vdash \forall \mathsf{x}(\mathsf{Cx} \lor \mathsf{Tx}) \tag{3.8}$$

$$\mathcal{M}_4 \Vdash \exists \mathsf{x}(\mathsf{Cx} \land \mathsf{Hx}) \tag{3.9}$$

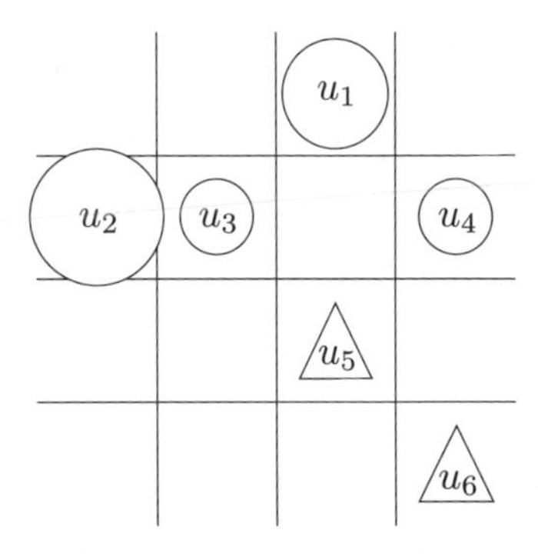

図 3.6　格子モデル $\mathcal{M}_4$

この場合も命題の形成プロセスを逆にたどることには変わりはない。$\forall \mathsf{x}(\mathsf{Cx} \lor \mathsf{Tx})$ は，原子式 Cx と Tx から $\mathsf{Cx} \lor \mathsf{Tx}$ を形成し，その後に $\forall$ と x を付けてできた命題である。したがってまず定義 3.4 の.6)を適用すると，(3.8)が成り立つとは，U_4 のすべての要素 u に対して，

$$\mathcal{M}_4 \Vdash \mathsf{Ck}_u \lor \mathsf{Tk}_u \tag{3.10}$$

1）ここでの議論には関係ないため，個体名の表示は省いている。次の図も同様である。

が成り立つということである（$\mathsf{Ck}_u \vee \mathsf{Tk}_u = (\mathsf{Cx} \vee \mathsf{Tx})^{\mathsf{x}}_{\mathsf{k}_u}$ であることに注意）。これを示すには，U_4 の要素を 1 つずつチェックしていけばよい。たとえば，u_1 にかんしては，

$$\mathcal{M}_4 \Vdash \mathsf{Ck}_1,\ \text{したがって}\ \mathcal{M}_4 \Vdash \mathsf{Ck}_1 \vee \mathsf{Tk}_1$$

である（$A \vee B$ が真であるためには，A と B のどちらかが真であればよい。また特別な個体名 k_i の定義より，$v_4(\mathsf{k}_i) = u_i$ であることに注意）。他の円 u_2, u_3, u_4 についても同様に考えればよい。

一方，u_5 は三角形なので，今度は

$$\mathcal{M}_4 \Vdash \mathsf{Tk}_5,\ \text{したがって}\ \mathcal{M}_4 \Vdash \mathsf{Ck}_5 \vee \mathsf{Tk}_5$$

といえる。u_6 についても同様である。このようにして，すべての u について（3.10）が成り立つことが示されたので，（3.8）が成り立つ。

次に（3.9）の $\exists\mathsf{x}(\mathsf{Cx} \wedge \mathsf{Hx})$ には，まず定義 3.4. の 7）を適用する。すると，（3.9）が成り立つことを示すためには，

$$\mathcal{M}_4 \Vdash \mathsf{Ck}_u \wedge \mathsf{Hk}_u \tag{3.11}$$

を満たす U_4 の何らかの要素 u を見つければよい。C は「円」，H は「大きい」であるから，これに当てはまる候補は u_2 であろう。実際，

$$\mathcal{M}_4 \Vdash \mathsf{Ck}_2\ \text{かつ}\ \mathcal{M}_4 \Vdash \mathsf{Hk}_2,$$

であるから，$\mathcal{M}_4 \Vdash \mathsf{Ck}_2 \wedge \mathsf{Hk}_2$ となる。こうして（3.9）が示された。

別のモデル $\mathcal{M}_5 = \langle U_5, v_5 \rangle$ で，より複雑な命題について考えてみよう。

$$\mathcal{M}_5 \Vdash \forall \mathsf{x}(\mathsf{Cx} \to \exists \mathsf{yVxy}) \qquad (3.12)$$

$$\mathcal{M}_5 \Vdash \exists \mathsf{y} \forall \mathsf{x}(\mathsf{Px} \to \mathsf{S'xy}) \qquad (3.13)$$

(3.12) は U_5 のすべての要素 u に対し，

$$\mathcal{M}_5 \Vdash \mathsf{Ck}_u \to \exists \mathsf{yVk}_u\mathsf{y} \qquad (3.14)$$

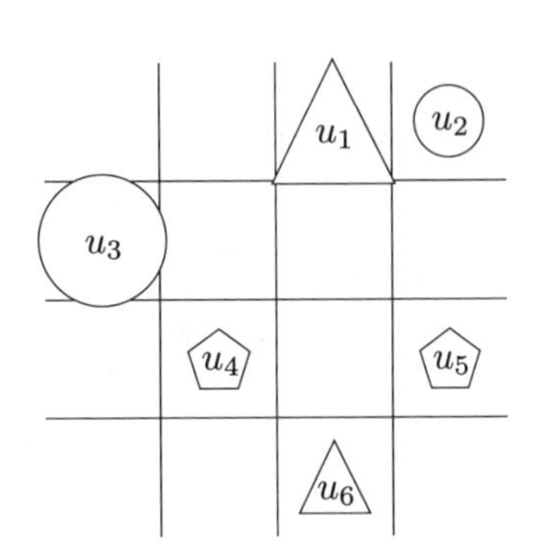

図 3.7　格子モデル $\mathcal{M}_5$

ということであるが，u_2, u_3 以外にかんしては $\mathcal{M}_5 \not\Vdash \mathsf{Ck}_i$ であるから，定義 3.4. の 5) より (3.14) は成り立つ。あとは，u_2, u_3 の場合について，

$$\mathcal{M}_5 \Vdash \exists \mathsf{yVk}_2\mathsf{y},\ \mathcal{M}_5 \Vdash \exists \mathsf{yVk}_3\mathsf{y} \qquad (3.15)$$

を確かめれば十分である。しかし，u_2 も u_3 も，たとえば u_4 よりは上にあるので, (3.15) は成り立つ。

(3.13) を示すには，U_5 の要素 u で,

$$\mathcal{M}_5 \Vdash \forall \mathsf{x}(\mathsf{Px} \to \mathsf{S'xk}_u) \qquad (3.16)$$

を満たすものを見つければよい。ここで (3.16) が言っているのは，すべての五角形 (u_4, u_5) は u よりも小さいということである。すると，そのような u の候補としては，u_1, u_3 が条件を満たすことがわかる。このうちの 1 つを選べば, (3.13) が成り立つことが示される。

3.4 閉じていない式

モデルにおける真偽の概念は，$\mathcal{L}$ の命題，すなわち閉じた式に対して定義されている。定義の仕方から，すべての命題は，任意のモデルにお

いて真あるいは偽のどちらかに決まる(真でも偽でもないということもなければ，真偽のどちらでもあるということもない)ことがわかる。

では，同じ $\mathcal{L}$ の式の中でも閉じていない式については，どのように考えればよいのだろうか。たとえば，$\mathsf{Sx} \wedge \mathsf{Cx}$ という閉じていない式を考えてみよう。この x に個体名を代入すれば閉じた式(命題)ができる。

$$\mathsf{Sa} \wedge \mathsf{Ca} = (\mathsf{Sx} \wedge \mathsf{Cx})^{\mathsf{x}}_{\mathsf{a}},\ \mathsf{Sb} \wedge \mathsf{Cb} = (\mathsf{Sx} \wedge \mathsf{Cx})^{\mathsf{x}}_{\mathsf{b}},\ \mathsf{Sc} \wedge \mathsf{Cc} = (\mathsf{Sx} \wedge \mathsf{Cx})^{\mathsf{x}}_{\mathsf{c}}, \ldots$$

言い換えれば，$\mathsf{Sx} \wedge \mathsf{Cx}$ は１つの個体名と合わさって１つの命題を形成する。ところで，１つの個体名とともに命題を形成する記号といえば，１項述語記号である(P は個体名と合わさって $\mathsf{Pa}, \mathsf{Pb}, \mathsf{Pc}, \ldots$ といった命題を形成する)。つまり，$\mathsf{Sx} \wedge \mathsf{Cx}$ は複合的な１項述語記号のようなものと考えることができるのである。それが意味する属性は「小さな円」というものであろう。

さらに，二種類の変項を含む式は，２項述語記号と見なすことができるだろう。たとえば

$$\neg \mathsf{S'xy} \wedge \neg \mathsf{H'xy}$$

は２つの個体のうちどちらかが小さいわけでもどちらかが大きいわけでもない，すなわち２つの個体が「同じ大きさである」という関係を意味する。量化記号を使えば，次のような述語記号も作ることができる。たとえば

$$\forall \mathsf{y}(\mathsf{Py} \rightarrow \mathsf{H'xy})$$

は「x はどんな五角形よりも大きい」という属性を意味する。

3.5 さまざまな言語

$\mathcal{L}$ は，図形の形や大きさ，位置関係といった幾何学的な事柄を描写する言語であり，他のさまざまな事柄について語るための語彙は含まれていない。これは，日本語や英語などの自然言語が，森羅万象あらゆることについて語るための豊富な語彙を備えているのに比べると，寂しく感じられるかもしれない。しかしここで，次の例を見てみよう。

例 3.5 (言語 $\mathcal{L}'$). 一階述語論理の言語 $\mathcal{L}'$ は，$\mathcal{L}$ と同じ論理定項(結合記号・量化記号)，変項，および次の記号から構成されるものとせよ。

- 個体名：e
- 1 項述語記号：B
- 2 項述語記号：F (3 項以上の述語記号はなし)

構成要素となる記号が異なるだけで，式の形成法は $\mathcal{L}$ と同じと考える。個体記号(変項と個体名)と述語記号から Be や Fxe といった原子式が形成され，それらと結合記号・量化記号を組み合わせて複合式が形成される。変項への代入とそれをもとにした閉じた式(命題)の概念も同様である。このようにして，$\mathcal{L}'$ の文法が定義できる。

ここで，Bx は「x はバスケットボール部に所属している」，Fxy は「x は y と友達である」を意味するとしよう。つまり，$\mathcal{L}'$ は，ある学校の学生たちの属性や人間関係(のごく一部)を描写する言語であると言ってよいだろう。たとえば，

$$\forall \mathsf{x}(\mathsf{Bx} \rightarrow \mathsf{Fxe})$$

は「バスケットボール部の人たちはみんな e さんと友達だ」を意味する。

文法の場合と同じく，モデルの概念についても $\mathcal{L}$ にかんする定義 3.1 がそのまま適用できる。すなわち，$\mathcal{L}'$ に対するモデルは個体領域 U と解釈 v

からなり，その解釈 v は，個体名には U の要素を，1 項述語記号には U の要素の集合を，2 項述語記号には U の要素の順序対の集合を割り当てる。さらに，(原子・複合)命題のモデルにおける真偽の条件についても，定義 3.2, 3.4 がそのまま適用できる。するとたとえば，$U = \{u_1, u_2, u_3, u_4\}$, $v(\mathsf{e}) = u_1$, $v(\mathsf{B}) = \{u_2, u_3\}$, $v(\mathsf{F}) = \{\langle u_2, u_1\rangle, \langle u_3, u_1\rangle\}$ というモデル $\mathcal{M}_6 = \langle U, v\rangle$ においては，上の命題は真である(下図参照)。

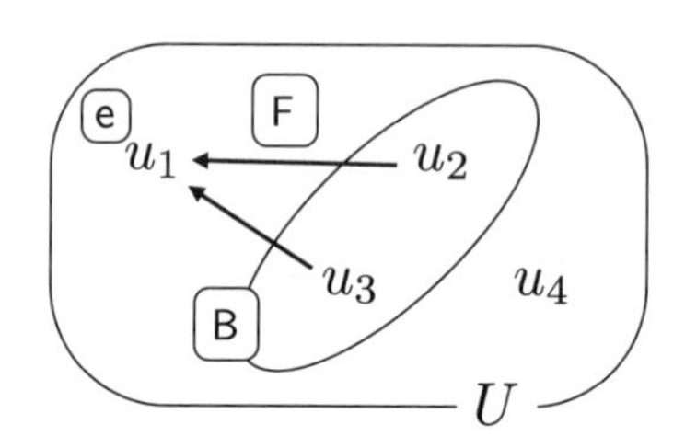

$\mathcal{L}$ や $\mathcal{L}'$ などの一階述語論理の言語の記号は，大きく言うと二種類に分かれる。個体名・述語記号からなるグループと変項・論理定項のグループである。$\mathcal{L}$ の命題の幾何学的な内容を担っているのは前者である。一方，文法やモデルの概念は直接には後者の記号に関わり，前者の具体的な意味には依存しない一般的な仕方で定義されている。それゆえ，個体名と述語記号だけを取り換えれば，$\mathcal{L}'$ のように，$\mathcal{L}$ とはかなり性質の異なる事柄について語る言語もすぐに定義することができるのである。また，新しい記号を付け加えて既存の言語を拡張することもできる。たとえば $\mathcal{L}'$ に「サッカー部所属である」や「仲が悪い」を意味する述語記号を加えて拡張すれば，より複雑な人間関係が表現できるだろう。

つまり，私たちがここまでに学んだのは，$\mathcal{L}$ という特定の言語というよりも，さまざまな言語が共有しうるある言語のタイプ(文法とモデル)ということになる。このタイプに属する言語を総称して「一階述語論理の言語」と呼ぶ。

個体記号・述語記号 ＋ 論理定項・変項 ＝ 一階述語論理の言語

具体的な内容　　一般的な文法・モデル

演習問題 3

1. モデル $\mathcal{M}_1$ における次の命題の真偽を判定しなさい。

(1) $\neg \mathsf{Cb} \vee \mathsf{Td}$　　(2) $\neg(\mathsf{Cb} \vee \mathsf{Td})$

(3) $\neg \mathsf{Ca} \wedge \neg \mathsf{Cd}$　　(4) $\neg(\mathsf{Ca} \vee \mathsf{Cd})$

(5) $\mathsf{Ca} \vee (\mathsf{Td} \wedge \mathsf{Tc})$　　(6) $(\mathsf{Ca} \vee \mathsf{Td}) \wedge \mathsf{Tc}$

(7) $\mathsf{Lac} \wedge (\mathsf{Lcb} \wedge \neg \mathsf{Icab})$　　(8) $\neg\neg(\mathsf{Vab} \wedge \neg \mathsf{Wcb})$

2. 次の 3 つの命題が真になるようなモデルを集合論を用いて記述し，その後，そのモデルを格子図で記述しようとするとどうなるか考えなさい。

$$\mathsf{Iabc},\ \mathsf{Lbc},\ \mathsf{Rac}$$

3. モデル $\mathcal{M}_2$ における次の命題の真偽を判定しなさい。

(1) $\forall \mathsf{x} \neg \mathsf{Cx}$　　(2) $\neg \forall \mathsf{x} \mathsf{Sx}$

(3) $\exists \mathsf{x} \neg \mathsf{Hx}$　　(4) $\neg \exists \mathsf{x} \mathsf{Hx}$

(5) $\forall \mathsf{x}(\mathsf{Hx} \to \mathsf{Cx})$　　(6) $\exists \mathsf{x}(\mathsf{Tx} \to \mathsf{Hx})$

(7) $\exists \mathsf{x} \exists \mathsf{y}(\mathsf{Lxy} \wedge \mathsf{Cy})$　　(8) $\forall \mathsf{x} \forall \mathsf{y} \mathsf{S'xy}$

4. モデル $\mathcal{M}_3$ における次の命題の真偽を判定しなさい。

(1) $\exists$x(Cx $\wedge$ $\exists$yS′xy)　(2) $\exists$x$\forall$yS′xy

(3) $\forall$x((Cx $\wedge$ Mx) $\rightarrow$ $\neg\exists$yWyx)　(4) $\forall$x((Cx $\wedge$ Mx) $\rightarrow$ $\exists$y$\neg$Wyx)

(5) $\forall$x(Px $\rightarrow$ $\exists$y$\exists$z(Lxy $\wedge$ Lzx))　(6) $\forall$x$\exists$y(Px $\rightarrow$ (Lxy $\wedge$ $\exists$zLzx))

5. 次のすべての命題が真になるような格子モデルを書きなさい。ただし，個体領域の要素は 4 つ($U = \{u_1, u_2, u_3, u_4\}$)とする。

(1) (Td $\wedge$ Tb) $\wedge$ $\neg$(Pc $\vee$ Tc)　(2) Icdb

(3) $\forall$x$\forall$y((Tx $\wedge$ Ty) $\rightarrow$ $\neg$Rxy)　(4) Vda $\wedge$ Vab

(5) $\forall$x($\neg\doteq$cx $\rightarrow$ S′cx)　(6) $\forall$x($\neg\doteq$dx $\rightarrow$ H′dx)

(7) $\exists$x$\exists$y(Lxy $\wedge$ Px)　(8) Wac $\vee$ Wca

6. 次のような属性や関係を意味する $\mathcal{L}$ の式を作りなさい。

(1) x と y は同じ行にある

(2) x と y は同じ列にある

(3) x はもっとも右に位置する（x より右には何もない）

(4) x と y は同じ形をしている

(5) x は，それと同じ形の図形の中ではもっとも上に位置する

付録：集合論の基礎

集合とは対象の集まりのことである。たとえば，$a_1, \dots, a_n$ という対象からなる集合を $\{a_1, \dots, a_n\}$ と書く。対象 a が集合 X に入っているとき，$a \in X$ と書く。このとき，a は X の**要素**である，あるいは a は X に属する，と言う。a が X の要素でないときには，$a \notin X$ と書く。

例：5 よりも小さな自然数の集合は $\{0, 1, 2, 3, 4\}$ と表される。この集合を X とすると，たとえば $3 \in X$ だが，$6 \notin X$ である。

要素をひとつも持たない集合を**空集合**と呼び，$\emptyset$ と書く。定義により，どんな対象 a に対しても，$a \notin \emptyset$ である。

2 つの集合 X, Y に対して，X の要素がすべて Y の要素でもあるとき，X は Y の**部分集合**であるといい，$X \subseteq Y$ と書く。2 つの集合が同一であるのは，それらが互いの部分集合となっているときである。すなわち，

$$X = Y \iff X \subseteq Y \text{ かつ } Y \subseteq X.$$

右辺は，X の要素がすべて Y の要素であり $(X \subseteq Y)$，逆に Y の要素がすべて X の要素である $(Y \subseteq X)$ ということである。したがって，$X = Y$ であるとは，X と Y がまったく同じ要素をもつということである。

2 つの集合 X, Y に対し，そのどちらかの要素になっている対象をすべて集めた集合を，2 つの集合の**和**と呼び，$X \cup Y$ と書く。

$$a \in X \cup Y \iff a \in X \text{ または } a \in Y$$

である。同じく 2 つの集合 X, Y に対し，その両方の要素になっている対象をすべて集めた集合を，2 つの集合の**共通部分**と呼び，$X \cap Y$ と書く。すなわち，

$$a \in X \cap Y \iff a \in X \text{ かつ } a \in Y$$

である。

集合ではその要素が並ぶ順序は無視される。たとえば，$\{a,b\}=\{b,a\}$ である。これに対して，要素の順序を無視せずに考えたペアを**順序対**と呼び，$\langle a,b\rangle$ と書く。2つの順序対が同一であるのは，ペアの各々が等しいときである。すなわち，

$$\langle a,b\rangle=\langle c,d\rangle \iff a=c \text{ かつ } b=d$$

である(よってもし $a\neq b$ ならば $\langle a,b\rangle\neq\langle b,a\rangle$ である)。同様に，3つ要素を並べた順序三つ組 $\langle a,b,c\rangle$，4つの順序四つ組 $\langle a,b,c,d\rangle$ など，さらに一般に順序 n 組 $\langle a_1,\dots,a_n\rangle$ も考える。順序 n 組同士の同一性も，順序対の場合と同様に考える：

$$\langle a_1,\dots,a_n\rangle=\langle b_1,\dots,b_n\rangle \iff a_1=b_1,\dots,a_n=b_n.$$

2つの集合 A,B から，1つずつ要素を抜き出せば1つの順序対ができる。別の要素を選んで組み合わせれば，また別の順序対ができる。このように，A の要素と B の要素を組み合わせてできる順序対をすべて集めた集合を，A と B の**(デカルト)積**と呼び，$A\times B$ と書く。すなわち，

$$\langle a,b\rangle\in A\times B \iff a\in A \text{ かつ } b\in B.$$

同様に，3つの集合 A,B,C から1つずつ要素を選んでできる順序三つ組をすべて集めた集合は，$A\times B\times C$ と書く。一般に，n 個の集合 $X_1,\dots,X_n$ の積 $X_1\times\cdots\times X_n$ は，それぞれの集合の要素からなる順序 n 組すべての集合である。すなわち，

$$\langle x_1,\dots,x_n\rangle\in X_1\times\cdots\times X_n \iff x_1\in X,\dots,x_n\in X_n$$

である。たとえば，$A=\{a,b,c\}$, $B=\{x,y\}$ とすると，

$$A\times B=\{\langle a,x\rangle,\langle a,y\rangle,\langle b,x\rangle,\langle b,y\rangle,\langle c,x\rangle,\langle c,y\rangle\}.$$

さらに $C = \{p, q\}$ とすると，

$$A \times B \times C = \{\langle a,x,p\rangle, \langle a,x,q\rangle, \langle a,y,p\rangle, \langle a,y,q\rangle, \langle b,x,p\rangle, \langle b,x,q\rangle, \langle b,y,p\rangle, \langle b,y,q\rangle, \langle c,x,p\rangle, \langle c,x,q\rangle, \langle c,y,p\rangle, \langle c,y,q\rangle\}$$

となる。また，同じ集合 A の積は

$$A^2 = A \times A,\ A^3 = A \times A \times A,\ \ldots,\ A^n = \overbrace{A \times \cdots \times A}^{n\text{ 回}}, \ldots$$

と書く。

2 つの集合 A, B の間の対応付け F が「A の各要素 a に対して，B のちょうど 1 つの要素が F で対応付けられている」という条件を満たしているとき，F を A から B への**写像**と呼び，$F: A \to B$ と表す。また，各 $a \in A$ に対して対応付けられている B の要素を $F(a)$ と表す。

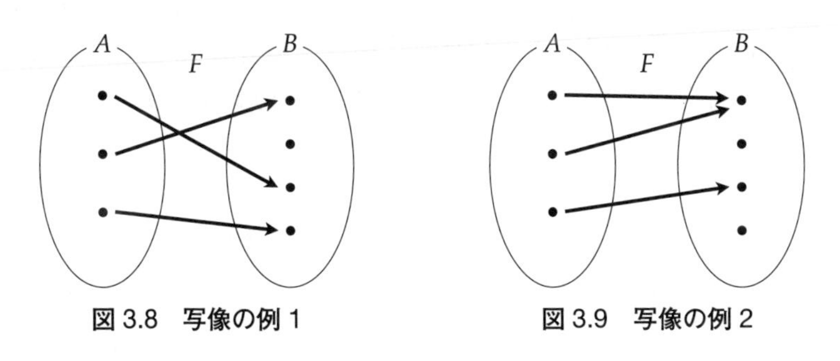

図 3.8　写像の例 1　　図 3.9　写像の例 2

図 3.8, 3.9 は，写像の条件を満たす対応付けの例である。どちらも，A の各要素に B の要素がちょうど 1 つ対応付けられている。それに対して，図 3.10 では，A の 1 つの要素には何も対応付けられていない（矢印が出ていない要素がある）ので，図 3.10 の F は写像ではない。さらに，A の要素から出る矢印は，図 3.11 のように 2 本以上でもいけない。すな

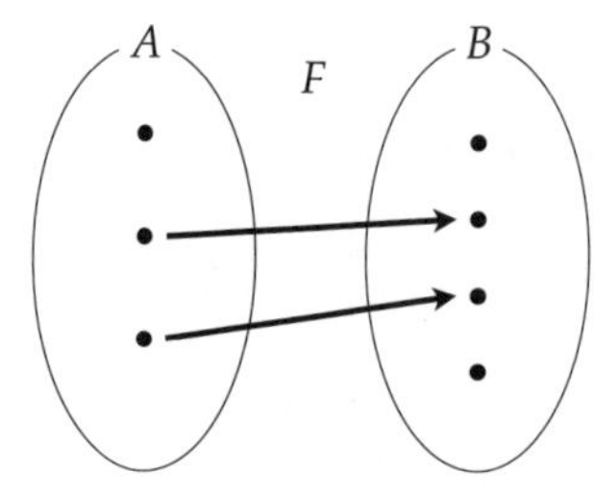

図 3.10　写像になっていない例 1

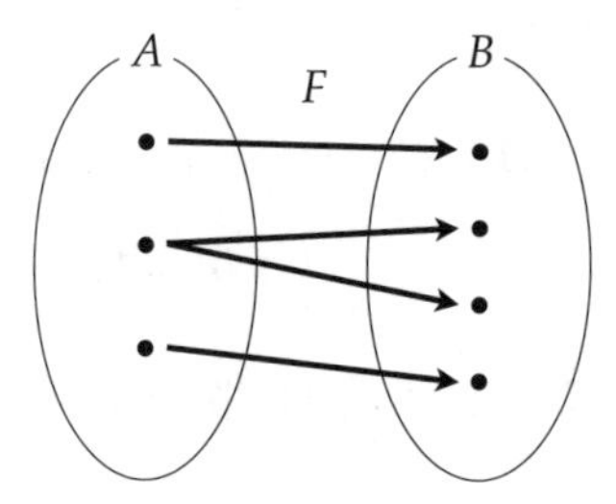

図 3.11　写像になっていない例 2

わち，A の要素に対応付けられる B の要素は，0 個でも 2 個以上でもなく，ちょうど 1 個でなければならない。

ただし，逆に B のすべての要素が A の何らかの要素に対応付けられる必要はない(図 3.8 にも 3.9 にも，対応する相手のいない B の要素がある)。また，B の 1 つの要素は，A の複数の要素に対応付けられていてもよい(図 3.9 の一番上の要素には，A の 2 つの要素が対応付けられている)。つまり，B の要素に対応付けられる A の要素は，0 個でも 1 個でも 2 個以上でも，対応付けが「A から B の写像」の条件を満たすかどうかには関係ないのである。

4　推論の妥当性を厳密に定義する

大西琢朗

《目標＆ポイント》 前章で定義したモデルにおける真偽の概念を用いて，推論の妥当性の概念を定義する。さらにそれをもとに，恒真命題や論理的同値といった派生的概念も定義する。

《キーワード》 推論，妥当性，恒真命題，論理的同値

この章では**推論の妥当性**の概念を定義する。推論が妥当であるのは，前提が真である場合には結論も必ず真になっているということである。言い換えれば，前提が真なのに結論が偽になる場合，すなわち，その推論に対する反例が存在するなら，その推論は妥当ではない。こうした基本的な考え方を，これまで考察してきたモデルの概念を使って，厳密に定義する。

4.1 格子モデルにおける推論

ある格子モデル $\mathcal{M}$ において，c が a の左にある，すなわち，$\mathcal{M} \Vdash \mathsf{Lca}$ であるとしよう。すると自動的に，$\mathcal{M} \Vdash \mathsf{Rac}$ (a は c の右にある) であることがわかる。すなわち，Lca という前提から Rac という結論を「推論」することができる。この推論を次のように表すことにしよう。

(4.1)　前提　Lca（c は a の左にある）

　　　結論　Rac（a は c の右にある）

同じ前提をもつ次の推論はどうだろうか。

(4.2) 前提　Lca（c は a の左にある）
結論　H′ca（c は a よりも大きい）

前段落の推論と違って，この推論は正しくないように思える。2 つの図形のあいだの位置関係から，大小関係についての情報が引き出せるとは考えにくいからだ。つまり，推論といっても，正しいものと間違ったものがある。ここからは，正しい推論を「妥当な推論」と呼ぶことにしよう。では，妥当な推論と妥当でない(間違った)推論のあいだの違いはどこにあるのだろうか。

推論(4.2)が妥当でないのは，直観的には，前提が正しいからといって結論も正しいとはかぎらないからである。このことは，前章で導入したモデルの概念を使えば，次のように明確化できる。すなわち，推論(4.2)に対しては，前提 Lca は真になるのに，結論 H′ca は偽になるようなモデルが存在する(前章のモデル $\mathcal{M}_1$ がまさにそのようなモデルである)。このような，ある推論の前提がすべて真になるが，結論は偽となるようなモデルを，その推論に対する**反例モデル**と言う。

推論が妥当でないとは，それに対する反例モデルが存在するということである。すると，反例モデルが存在しないなら，その推論は妥当だということになる。反例モデル，すなわち前提が真だが結論が偽となるモデルが存在しないということは，言い換えれば，前提が真となるようなモデルにおいては，結論もまた真になるということである。つまり，妥当な推論とは，前提が真であるときには必ず結論も真になっているような推論である。

この考え方に基づいて，推論(4.1)の妥当性を示してみよう。そのためには，反例モデルが存在していると仮定して，その仮定から矛盾が導かれることを示せばよい。ある格子モデル $\mathcal{M} = \langle U, v \rangle$ が反例モデルになっているとしよう。つまり，

$$\mathcal{M} \Vdash \mathsf{Lca} \text{ だが } \mathcal{M} \nVdash \mathsf{Rac}$$

となっているとしよう。しかし，格子モデルを記述する図の特性上，任意の U の要素 u_1, u_2 に対して，

$$\langle u_1, u_2 \rangle \in v(\mathsf{L}) \text{ ならば } \langle u_2, u_1 \rangle \in v(\mathsf{R}) \tag{4.3}$$

となっているはずである。つまりこの場合，c を a の左に描けば，a は c の右にあるはずである。しかしこれは上の仮定と矛盾する。それゆえ，推論(4.1)に対する反例モデルは存在せず，妥当である。

4.2 論理的な妥当性

ここで次の推論が妥当かどうか考えてみよう。

(4.4)　前提　$\neg(\mathsf{Ha} \land \mathsf{Ca})$ (a は大きな円ではない)

結論　$\neg\mathsf{Ha} \lor \neg\mathsf{Ca}$ (a は大きくないか円でないかである)

この推論に反例モデルがあるとする。すなわち，

$$\text{(i) } \mathcal{M} \Vdash \neg(\mathsf{Ha} \land \mathsf{Ca}) \text{ かつ (ii) } \mathcal{M} \nVdash \neg\mathsf{Ha} \lor \neg\mathsf{Ca}$$

となるようなモデル $\mathcal{M}$ が存在すると仮定する。先に(ii)を見ると，$\mathcal{M} \nVdash \neg\mathsf{Ha}$ かつ $\mathcal{M} \nVdash \neg\mathsf{Ca}$ なので，

$$\mathcal{M} \Vdash \mathsf{Ha} \text{ かつ } \mathcal{M} \Vdash \mathsf{Ca} \tag{ii'}$$

である。よって $\mathcal{M} \Vdash \mathsf{Ha} \wedge \mathsf{Ca}$ である。一方(i)は，$\mathcal{M} \nVdash \mathsf{Ha} \wedge \mathsf{Ca}$ ということだから，これは矛盾である。こうして，反例モデルが存在するという仮定からは矛盾が生じるので，反例モデルは存在せず，上の推論は妥当である。

この推論と(4.1)を比べてみよう。どちらも，前提が真になるすべてのモデルにおいて結論も真になるという意味で妥当な推論であるが，じつは「すべてのモデル」として考えている範囲が異なっている。

推論(4.1)の妥当性を示す議論では，(4.3)というモデルに対する制約が用いられていることに注意しよう。たしかに，$\mathcal{L}$ が扱う「右・左」といった概念や，モデルを表すための格子図の幾何学的な特性からして，このような制約を想定するのは自然である(位置関係だけでなく大小関係や図形の種類にかんしても，格子モデルにはさまざまな制約が含まれている)。しかし，(4.3)を満たさないモデルにまで範囲を広げれば，この推論に対する反例モデルも存在する。つまり，(4.1)は，格子モデルに含まれている制約のおかげで妥当な推論なのである。この意味で妥当な推論を「格子モデルにかんして妥当」ということにしよう。言い換えれば，推論が格子モデルにかんして妥当とは，格子図で描けるような反例モデルが存在しないということである[1)]。

一方，(4.4)の妥当性を示す議論で用いられているのは，モデルにおける命題の真偽の条件にかんする定義だけであり，(4.1)のような制約は使われていない。つまり，(4.4)の妥当性は，モデルに対するいかなる制約にも依存しない，文字どおりすべてのモデルにかんして通用する妥当性である。この意味での妥当性を「論理的な妥当性」ないし何の条件も付

1) 「格子図で描ける」あるいは「格子モデル」という概念を厳密に定義していないので，ここでの格子モデルにかんする妥当性の定義は厳密なものではないが，ここでの議論の主旨は汲み取ってもらえるだろう。

けず単に「妥当性」と呼ぶ。

定義 4.1 (論理的妥当性)**.** $A_1, \ldots, A_n, B$ を $\mathcal{L}$ の命題とする。あるモデル $\mathcal{M}$ が，前提 $A_1, \ldots, A_n$ から結論 B への推論に対する**反例モデル**と呼ばれるのは，$\mathcal{M} \Vdash A_1, \ldots, \mathcal{M} \Vdash A_n$ かつ $\mathcal{M} \nVdash B$ となるときである。

$A_1, \ldots, A_n$ から B への推論に対する反例モデルが存在しないとき，その推論は(**論理的に**)**妥当**であるといい，$A_1, \ldots, A_n \models B$ と書く。

いくつか表記法上の約束をしておこう。前提 $A_1, \ldots, A_n$ は実際には，集合の表記 $\{A_1, \ldots, A_n\}$ のカッコを省略したものとする。それゆえ，たとえば $A_1, A_2 \models B$ という推論は，前提の順番を変えて $A_2, A_1 \models B$ と書いても同じことである。また，前提が空集合の場合は，$\emptyset \models B$ の代わりに $\models B$ と書く。

定義 4.2. 前提が空集合で，B を結論とする推論が妥当であるとき，すなわち $\models B$ であるとき，特別に，命題 B は**恒真命題**であると言う。

妥当性の定義から，$\models B$ であるのは，すべてのモデルにおいて B が真のときである。つまり恒真命題とは，文字どおり前提なしに，無条件で成り立つ命題ということである。

例 4.3.

$$\forall \mathsf{x}(\mathsf{Tx} \land \mathsf{Mx}) \models \forall \mathsf{x}\mathsf{Tx} \land \forall \mathsf{x}\mathsf{Mx} \tag{4.5}$$

$$\forall \mathsf{x}(\mathsf{Px} \to \mathsf{Sx}), \mathsf{Pa} \models \mathsf{Sa} \tag{4.6}$$

$$\models \forall \mathsf{x}(\mathsf{Cx} \lor \neg \mathsf{Cx}) \tag{4.7}$$

(4.5)に対して反例モデルが存在すると仮定すると矛盾が導かれることを

示そう。すなわち，あるモデル $\mathcal{M} = \langle U, v \rangle$ において，

$$\mathcal{M} \Vdash \forall \mathsf{x}(\mathsf{Tx} \wedge \mathsf{Mx}),\ \mathcal{M} \nVdash \forall \mathsf{xTx} \wedge \forall \mathsf{xMx}$$

と仮定する。2 つめの仮定から，

$$\text{(i)}\ \mathcal{M} \nVdash \forall \mathsf{xTx}\ \text{または}\ \text{(ii)}\ \mathcal{M} \nVdash \forall \mathsf{xMx}$$

である。(i), (ii) のいずれの場合にも矛盾が導かれることを確かめればよい。まず (i) の場合，U のある要素 u_1 に対して $\mathcal{M} \nVdash \mathsf{Tk}_1$ である。しかし，仮定 $\mathcal{M} \Vdash \forall \mathsf{x}(\mathsf{Tx} \wedge \mathsf{Mx})$ から，すべての U の要素 u に対して

$$\mathcal{M} \Vdash \mathsf{Tk}_u \wedge \mathsf{Mk}_u \tag{iii}$$

であり，特に u_1 に対してもこれは当てはまる。すなわち，

$$\mathcal{M} \Vdash \mathsf{Tk}_1 \wedge \mathsf{Mk}_1,$$

したがって $\mathcal{M} \Vdash \mathsf{Tk}_1$ である。これは $\mathcal{M} \nVdash \mathsf{Tk}_1$ と矛盾する。(ii) の場合は，U のある要素 u_2 に対して $\mathcal{M} \nVdash \mathsf{Mk}_2$ であり，これは先ほどと同様 (iii) と矛盾する。よって，(4.5) に対する反例モデルは存在せず，(4.5) は妥当である。

次に，(4.6) に対する反例モデルが存在するとする。すなわち，あるモデル $\mathcal{M} = \langle U, v \rangle$ において，

$$\mathcal{M} \Vdash \forall \mathsf{x}(\mathsf{Px} \to \mathsf{Sx}),\ \mathcal{M} \Vdash \mathsf{Pa},\ \mathcal{M} \nVdash \mathsf{Sa}$$

であるとする。$v(\mathsf{a}) = u$ とすると，a を k_u で置き換えた命題について，

$$\mathcal{M} \Vdash \mathsf{Pk}_u,\ \mathcal{M} \nVdash \mathsf{Sk}_u$$

となり，ゆえに $\mathcal{M} \nVdash \mathsf{Pk}_u \to \mathsf{Sk}_u$ である。しかしこれは，最初の前提より

$$\mathcal{M} \Vdash \mathsf{Pk}_u \to \mathsf{Sk}_u$$

となることと矛盾する。(4.6) に反例モデルは存在せず，妥当である。

最後に，(4.7) が恒真命題であることを示そう。

$$\mathcal{M} \nVdash \forall \mathsf{x}(\mathsf{Cx} \lor \neg \mathsf{Cx})$$

となるモデル $\mathcal{M} = \langle U, v \rangle$ が存在すると仮定する。このとき，U のある要素 u が存在して，

$$\mathcal{M} \nVdash \mathsf{Ck}_u \lor \neg \mathsf{Ck}_u,$$

すなわち，$\mathcal{M} \nVdash \mathsf{Ck}_u$ かつ $\mathcal{M} \nVdash \neg \mathsf{Ck}_u$ である。しかし，後者は $\mathcal{M} \Vdash \mathsf{Ck}_u$ であるから，前者と矛盾する。したがって，偽になるモデルは存在しないので，$\forall \mathsf{x}(\mathsf{Cx} \lor \neg \mathsf{Cx})$ は恒真命題である。

このように，推論の妥当性を示すためには，ある程度込み入った論証をしなければならないが，次章で導入する「タブロー」という方法を使うと，妥当性のチェックを機械的に行えるようになるので，そちらを習得してもらえれば十分である。

4.3 論理的妥当性の形式性

論理的に妥当な推論の一部を別の記号に置き換えることを考えてみよう。たとえば，(4.6)に現れる個体名 a を別の個体名 b に置き換えてみる。

$$\forall \mathsf{x}(\mathsf{Px} \to \mathsf{Sx}), \mathsf{Pb} \models \mathsf{Sb}$$

この推論も依然として論理的に妥当である(自分でチェックしてみよう)。推論(4.6)が論理的に妥当であるということは，(a に焦点を当てて考えると) a に対して，いかなるモデルのいかなる個体を解釈として割り当てようとも，そのモデルは反例モデルにはならないということである。ここで a を b に置き換えても，妥当性をチェックするのに参照するのは，すべてのモデルのすべての個体であるから，妥当性は変わらないのである。

述語記号についても事情は同じである。たとえば P を C に置き換えると

$$\forall \mathsf{x}(\mathsf{Cx} \to \mathsf{Sx}), \mathsf{Ca} \models \mathsf{Sa}$$

となるが，これも論理的に妥当である。さらに，前章で述べたように，閉じていない式は述語記号と同じように見なすことができるのだった。そこで S を，$\exists \mathsf{y}(\mathsf{Ty} \land \mathsf{Rxy})$ という閉じていない複合式で置き換えてみると，

$$\forall \mathsf{x}(\mathsf{Px} \to \exists \mathsf{y}(\mathsf{Ty} \land \mathsf{Rxy})), \mathsf{Pa} \models \exists \mathsf{y}(\mathsf{Ty} \land \mathsf{Ray})$$

となるが，これも論理的に妥当であることには変わりない($\mathsf{Sa} = (\mathsf{Sx})^{\mathsf{x}}_{\mathsf{a}}$, $\exists \mathsf{y}(\mathsf{Ty} \land \mathsf{Ray}) = \exists \mathsf{y}(\mathsf{Ty} \land \mathsf{Rxy})^{\mathsf{x}}_{\mathsf{a}}$ であることに注意)。

こうしたことから結局，任意の式 A, B, 変項 x, 個体名 a について

$$\forall x(A \to B), A^x_a \models B^x_a \tag{4.8}$$

が論理的に妥当となることがわかる[2)]。ある推論が論理的に妥当ならば，それと同じ形をした前提と結論からなる推論もすべて，論理的に妥当だといえるのである。

このことは，以下のように捉えることができる。推論(4.8)の妥当性は，A, B や a に当てはめられる述語や式，個体名の具体的な意味には依存していない。重要なのは，命題の「形」だけである。その意味で，論理的な妥当性とは「形式的」な妥当性である(それに対して，(4.1)の妥当性は，使われている述語の意味に由来する，モデルの制約に依存しているため，形式的というよりも内容に基づく妥当性だと言えるだろう)。

また，論理的な妥当性は，きわめて広い普遍性を備えてもいる。ひとつには，論理的に妥当な推論は，いかなる制約も伴わない，文字どおりすべてのモデルにかんして通用する(考えうるどんなモデルも反例にならない)という意味での普遍性である。もうひとつには，次のような意味での普遍性である。すなわち，上で考えたのは同じ $\mathcal{L}$ という言語の記号同士の置き換えだったが，論理的な妥当性は特定の言語に依存しない。(4.8)は，$\mathcal{L}$ の内部だけでなく，たとえば前章最後で見た言語 $\mathcal{L}'$ をはじめ，一階述語論理の言語であれば，その任意の式と個体名に対して論理的に妥当となる。つまり，論理的妥当性は，図形であれ人間関係であれ，どのような事柄について語る言語においても通用する妥当性なのである。

ところで，形式的な妥当性というときの，そこで言われる命題の「形」とは，どのような論理定項(量化記号と結合記号)がどのように組み合わされているか，ということにほかならない。論理的妥当性は，論理定項の意味(およびその組み合わせ方)のみに依存する妥当性とも言えるので

2)　ただし，A, B, x はここに現れる式がすべて閉じた式(命題)となるように適切に選ばれなければならない(そうでなければ，モデルにおける真偽および妥当性の概念が適用できない)。このことは以下でも同様であり，いちいち断ることはしない。

ある。前段落の後者の意味での普遍性は，このことに由来する。すなわち，論理的妥当性は，一階述語論理の言語の構成要素のうち，論理定項という，すべての言語に共通する部分のみによって成り立つ妥当性であり，それゆえ，特定の言語には依存しないのである。

4.4 同一性述語

同一性述語にかんしては，次のような形の恒真命題が特徴的である。

1)　$\forall x(\doteq xx)$　(反射律)

2)　$\forall x \forall y(\doteq xy \to \doteq yx)$　(対称律)

3)　$\forall x \forall y \forall z\big((\doteq xy \wedge \doteq yz) \to \doteq xz\big)$　(推移律)

4)　$\forall x \forall y\big((\doteq xy \wedge A) \to A^x_y\big)$　(代入律)

ただし，4)において A は，任意の個体名 a に対して A^x_a が命題となるような任意の式である。

ここでは，3)推移律を示しておこう。あるモデル $\mathcal{M} = \langle U, I \rangle$ において 3)が偽となるとする。すなわち，ある U の要素 u_1, u_2, u_3 に対して，

$$\mathcal{M} \Vdash \doteq \mathsf{k}_1\mathsf{k}_2,\ \mathcal{M} \Vdash \doteq \mathsf{k}_2\mathsf{k}_3 \text{ だが } \mathcal{M} \nVdash \doteq \mathsf{k}_1\mathsf{k}_3,$$

となるとしよう。しかしこれは,

$$u_1 = u_2, u_2 = u_3 \text{ だが } u_1 \neq u_3$$

ということであり，矛盾である。

同一性述語を用いると,「ちょうど1つだけ」とか「多くとも2つ」といった「数の表現」が可能になる。これについては第9章で論じる。

4.5 論理的同値

定義 4.4. 命題 A と B について，$A \models B$ かつ $B \models A$ が成り立つとき，A と B は**論理的に同値**であるといい，$A \cong B$ と書く。

注意 4.5. $A \cong B$ ならば，任意のモデル $\mathcal{M}$ において，

$$\mathcal{M} \Vdash A \iff \mathcal{M} \Vdash B$$

が成り立つ。すなわち，A と B はすべてのモデルにおいて真偽が一致する。すると，たとえばどのような C についても

$$\mathcal{M} \Vdash A \vee C \iff \mathcal{M} \Vdash B \vee C$$

となり，$A \vee C \cong B \vee C$ である。他の論理定項の場合も同様に考えられる。したがって一般に，命題に部分式として現れている A を B で置き換えた結果できる命題は，元の命題と論理的に同値である。このように，論理的に同値な命題は，記号列としては違うかもしれないが，論理的にはまったく同じはたらきをする。

例 4.6. 次のような形の命題は互いに論理的に同値である(右に示しているのは，これらの「論理法則」の伝統的な呼び名である)。ただし D は，任意の個体名 a について $D^x_a = D$ を満たすとする。

1)　$A \wedge A \cong A, \quad A \vee A \cong A$　(べき等律)

2)　$A \wedge (B \wedge C) \cong (A \wedge B) \wedge C,$
　　$A \vee (B \vee C) \cong (A \vee B) \vee C$　(結合律)

3)　$A \wedge B \cong B \wedge A, \quad A \vee B \cong B \vee A$　(交換律)

4)　$A \wedge (A \vee B) \cong A, \quad A \vee (A \wedge B) \cong A$　(吸収律)

5) $(A \land B) \lor C \cong (A \lor C) \land (B \lor C)$,
   $(A \lor B) \land C \cong (A \land C) \lor (B \land C)$ （分配律）

6) $\neg(A \lor B) \cong \neg A \land \neg B$,
   $\neg(A \land B) \cong \neg A \lor \neg B$ （ド・モルガンの法則）

7) $\neg\neg A \cong A$ （二重否定律）

8) $A \to B \cong \neg B \to \neg A$ （対偶律）

9) $A \to B \cong \neg A \lor B$

10) $\forall x D \cong D, \quad \exists x D \cong D$

11) $\forall x A \cong \forall y A^x_y, \quad \exists x A \cong \exists y A^x_y$

12) $D \land \forall x B \cong \forall x(D \land B), \quad D \lor \exists x B \cong \exists x(D \lor B)$

13) $D \lor \forall x B \cong \forall x(D \lor B), \quad D \land \exists x B \cong \exists x(D \land B)$

14) $\forall x A \land \forall x B \cong \forall x(A \land B), \quad \exists x A \lor \exists x B \cong \exists x(A \lor B)$

15) $\forall x \forall y A \cong \forall y \forall x A, \quad \exists x \exists y A \cong \exists y \exists x A$

16) $\neg \forall x A \cong \exists x \neg A, \quad \neg \exists x A \cong \forall x \neg A$

17) $D \to \forall x A \cong \forall x(D \to A), \quad D \to \exists x A \cong \exists x(D \to A)$

18) $\forall x A \to D \cong \exists x(A \to D), \quad \exists x A \to D \cong \forall x(A \to D)$

19) $\exists x(A \to B) \cong \forall x A \to \exists x B$

ここでは 9) を例として示しておこう。ほかは演習問題とする。$A \to B \cong \neg A \lor B$ を示すには，定義 4.4 にあるとおり，(i) $A \to B$ を前提とし $\neg A \lor B$ を結論とする推論，および(ii) $\neg A \lor B$ を前提とし $A \to B$ を結論とする推論，の両方が論理的に妥当であると示せばよい。

(i)の妥当性を示す。あるモデル $\mathcal{M}$ において前提 $A \to B$ が真で結論 $\neg A \lor B$ が偽，すなわち $\mathcal{M} \Vdash A \to B$ かつ $\mathcal{M} \nVdash \neg A \lor B$ とする。後者の仮定より $\mathcal{M} \Vdash A$ かつ $\mathcal{M} \nVdash B$ である。だがこれは $A \to B$ が偽，すなわち $\mathcal{M} \nVdash A \to B$ だということであり，前者の仮定と矛盾する。したがっ

て(i)の推論は妥当である。

(ii)の妥当性は次のように示される。$\mathcal{M} \Vdash \neg A \vee B$ かつ $\mathcal{M} \nVdash A \to B$ なるモデル $\mathcal{M}$ が存在するとする。このとき後者の仮定より $\mathcal{M} \Vdash A$ かつ $\mathcal{M} \nVdash B$ である。そして $\mathcal{M} \Vdash A$ は $\mathcal{M} \nVdash \neg A$ ということであるから，合わせて $\mathcal{M} \nVdash \neg A \vee B$ となり，矛盾。したがって，(ii)も妥当であることがわかった。以上により，$A \to B \cong \neg A \vee B$ であることが示された。

以上のことは次のようにもまとめられる：任意のモデル $\mathcal{M}$ において，

$$
\begin{aligned}
\mathcal{M} \nVdash A \to B \quad &\Longleftrightarrow \quad \mathcal{M} \Vdash A \text{ かつ } \mathcal{M} \nVdash B \\
&\Longleftrightarrow \quad \mathcal{M} \nVdash \neg A \text{ かつ } \mathcal{M} \nVdash B \\
&\Longleftrightarrow \quad \mathcal{M} \nVdash \neg A \vee B,
\end{aligned}
$$

したがって，$\mathcal{M} \Vdash A \to B \iff \mathcal{M} \Vdash \neg A \vee B$ である。これは，$A \to B \cong \neg A \vee B$ ということである。

演習問題 4

1. 次の推論が格子モデルにかんして妥当かどうか考えなさい。妥当であるとすれば，その妥当性はモデルに対するどのような制約に基づいているかを述べなさい。

(1)　$\neg \mathsf{Pa}, \neg \mathsf{Ta} \models \mathsf{Ca}$

(2)　$\neg(\mathsf{Vab} \vee \mathsf{Vba}), \neg(\mathsf{Rab} \vee \mathsf{Rba}) \models \doteq \mathsf{ab}$

(3)　$\neg \mathsf{S'ab}, \neg \mathsf{H'ab} \models \doteq \mathsf{ab}$

(4)　$\forall \mathsf{x}(\mathsf{Tx} \to \mathsf{S'xa}) \models \neg \mathsf{Ta}$

(5)　$\neg \exists \mathsf{xLxa} \models \forall \mathsf{x}(\neg \doteq \mathsf{xa} \to \mathsf{Rxa})$

2. 次の形式の推論が(論理的に)妥当であることを示しなさい。

(1)　$A \to C, B \to C \models (A \vee B) \to C$

(2)　$A \to B, A \to \neg B \models \neg A$

(3)　$\models (((A \to B) \to A) \to A)$

(4)　$\exists x(A \wedge B) \models \exists xA \wedge \exists xB$

(5)　$\forall x(A \to B) \models \forall xA \to \forall xB$

3. 例 4.6 の同値性が成り立つことを示しなさい。

5　タブローによる妥当性のチェック(1)

久木田水生

《目標＆ポイント》 推論の妥当性を機械的にチェックするための手続きであるタブローの方法を理解し，量化記号を含まない形について，その方法を習熟する。

《キーワード》 推論，妥当性，タブローの方法

本章では**タブローの方法**と呼ばれる，妥当な推論であることをチェックするための機械的な手続きを学ぶ。タブローの方法は慣れてくれば簡単に妥当性のチェックができるようになり，便利である。また推論が妥当でないときに，それが妥当でないということを明らかにするだけでなく，その推論に対する反例モデルを発見するためにもタブローを利用できる場合が多い。

5.1 モデルによる妥当性のチェック

第3-4章では，モデルの概念を使って推論の妥当性を定義した。その定義によれば，$A_1, \ldots, A_n$ から B への推論が妥当であるのは，前提 $A_1, \ldots, A_n$ のすべてが真であるすべてのモデルにおいて，結論 B が真であるということであった。したがってある推論が妥当であることを示すためには，前提のすべてが真でありながら，結論が偽となるモデル，すなわち反例モデルが存在しないことを示せばよい。では，推論が妥当であるとき，反例モデルが存在しないことをどのようにして確かめるのか，また推論が妥当でないとき，どのようにして反例モデルを見つければよいのだろ

うか。

たとえば69ページ(4.5)では$\forall x(Tx \wedge Mx)$を前提として$\forall xTx \wedge \forall xMx$を結論とする推論が妥当かどうかを確かめた。その際の論証はややこしくフォローしにくいと感じられたかもしれない。またもっと複雑な推論になれば考慮するべき可能性もより多くなり，それらを見落としなくカバーすることは非常に難しくなるだろう。この考え方に基づきつつもビジュアル的にわかりやすく工夫して，推論の妥当性をチェックするために作られたのが**タブローの方法**である。

5.2 タブローとは

タブローの方法とは次のような方法である。まず前提となるすべての命題と，結論の否定とを縦に並べる。この一群の命題を，タブローの**根**と呼ぶ。これらの命題を一定の規則に従ってより単純な命題へと分解する。その結果得られた命題がタブローの末端につけ加えられ，いわばタブローを「成長」させる。根からそのようにつけ加えられた命題までを辿る経路をタブローの**枝**と呼ぶ。分解の仕方は，次節に述べる規則によって決定される。タブローの枝の「成長」は，その枝に含まれるすべての命題がそれ以上分解できない形（原子命題もしくはその否定）にまで分解されたとき，あるいは，その枝に矛盾が生じたとき——すなわちある命題とその否定が現れたとき——に終了する。矛盾が生じた枝を**閉じた**枝と呼ぶ。タブローのすべての枝が閉じているとき，そのタブローを**閉じた**タブローと呼ぶ。

たとえば第5.1節の例に対応するタブローは図5.1のようになる。

タブローの形成の際に最初に置かれる命題，すなわち推論の前提を構成する諸命題，および結論になっている命題の否定（図5.1の中では

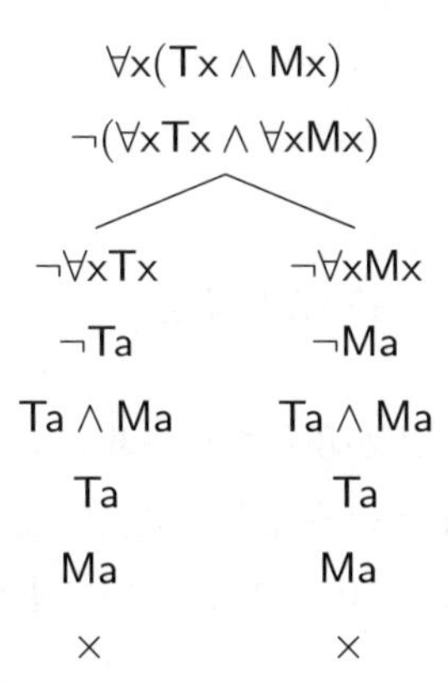

図 5.1　$\forall x(Tx \wedge Mx)$ から $\forall xTx \wedge \forall xMx$ への推論をチェックするタブロー

$\forall x(Tx \wedge Mx)$ と $\neg(\forall xTx \wedge \forall xMx))$ がこのタブローの根である。また，図 5.1 には，$\forall x(Tx \wedge Mx)$, $\neg(\forall xTx \wedge \forall xMx)$, $\neg\forall xTx$, $\neg Ta$, $Ta \wedge Ma$, Ta, Ma を含む枝（左に分岐する枝）と，$\forall x(Tx \wedge Mx)$, $\neg(\forall xTx \wedge \forall xMx)$, $\neg\forall xMx$, $\neg Ma$, $Ta \wedge Ma$, Ta, Ma を含む枝（右に分岐する枝）という 2 本の枝があることになる。バツ印は枝が閉じていることを表している。

5.3 タブローの規則

本節では具体的にタブローを形成するための規則を導入する。

前節で述べたように，タブローを形成するためにはまず，チェックしたい推論の前提に含まれる命題と結論の否定を縦に並べる。次にタブローに現れている命題に対して，その形式に応じて以下の規則を適用する。

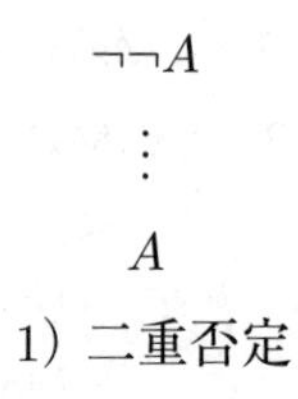

1) 二重否定

この規則はタブローの $\neg\neg A$ が現れている場所よりも下にあるすべての閉じていない枝の先端に A という命題を書き加えよということである。以下の規則 2), 5), 7), 8), 9), 10), 11) においても同様である。

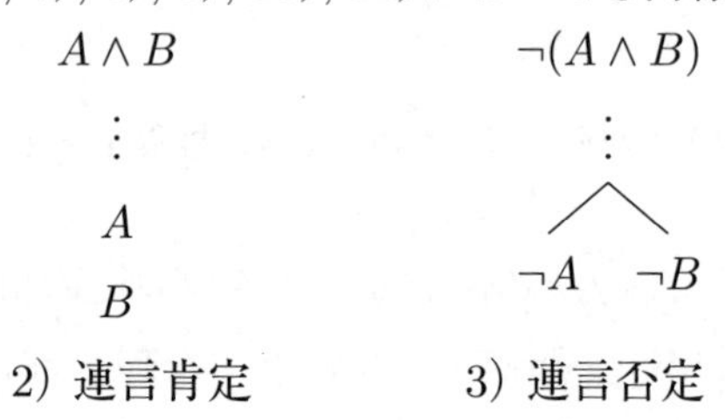

2) 連言肯定　　3) 連言否定

連言の否定にかんする規則 3) は，$\neg(A \wedge B)$ が現れている場所よりも下にあるすべての閉じていない枝の先端を「分岐」させて，一方に $\neg A$ を，他方に $\neg B$ を書き加えよということである。以下の規則 4), 6) においても同様である。

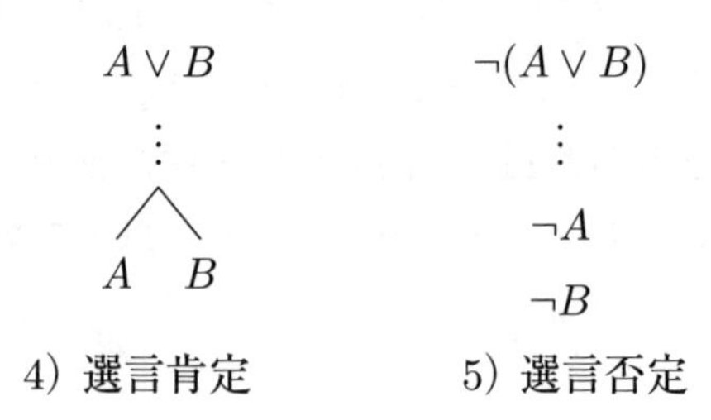

4) 選言肯定　　5) 選言否定

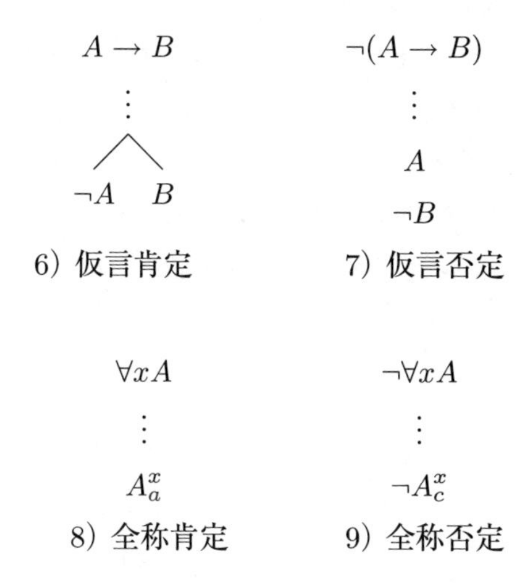

6）仮言肯定　7）仮言否定

8）全称肯定　9）全称否定

全称肯定にかんする規則 8) での a は任意の個体名である。一方で全称否定にかんする規則 9) の中の c はその命題が現れる枝にまだ現れていない個体名である。

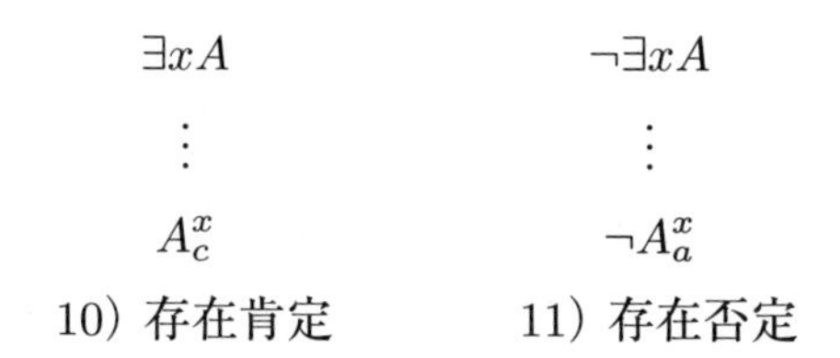

10）存在肯定　11）存在否定

存在肯定にかんする規則 10) での c はその命題が現れる枝に現れていない個体名である。一方で存在否定にかんする規則 11) の中の a は任意の個体名である。

全称肯定と存在否定の規則は同じ命題に対して何度でも適用すること

ができる。一方で全称否定と存在肯定の規則は 1 つの命題に一度適用したらその後は同じ命題には適用されない。

同一性肯定にかんする規則 12) において，a_i は a か b の一方であり，a_j はその他方である。また A は原子命題またはその否定であるとする。これは $\doteq ab$ が現れている枝に，a または b を含む原子命題またはその否定が現れていたならば，その命題における a または b に代えてそれぞれ b または a によって置き換えて得られる命題をその枝の先に書き加えるということである。

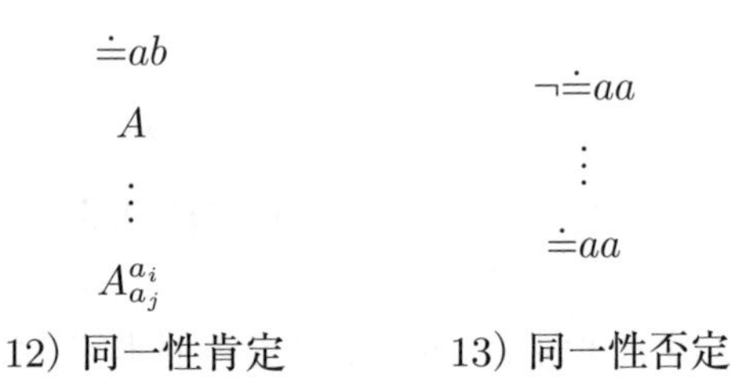

12) 同一性肯定　　13) 同一性否定

規則 13) は，$\neg\doteq aa$ が現れている枝はすべて閉じた枝にせよということを述べているに等しい。

最後に次の規則を補っておこう。

14) 以上の規則のすべてについて，ある枝に書き加えることになる命題がすでにその枝のどこかに現れているならば，その命題は書き加えない。

これらの規則を適用する上で，以下の点に注意しよう。

- 結合記号にかんする規則と同一性否定の規則は，ある命題（の現れ）に一度適用されたならば，その命題（の現れ）にはもう適用しなくてもよい（このことを示すために，87 ページ以下のように，規則が適用された命題に “✓”（チェックじるし）をつけてもよい。）。

- 規則 8) と 11) にかんしては異なる個体名を導入することで，同じ命題に何回でも適用することができる。しかしながら実際上はこれらの規則が適用される命題を含んでいる枝に現れていない個体名を使っても意味はない（この点については実際にタブローの方法を練習する際に明らかになる）。
- 規則 12) にかんしてはタブローに新しい原子命題またはその否定がつけ加えられるたびに適用するべきかどうかを考慮しなければならない。

5.4 タブローによる妥当性

タブローにおける分岐は，直観的には，第 4 章で推論の妥当性をモデルの概念によってチェックした際の場合分けに対応している。ある枝が閉じるということは，その枝を構成する命題のすべてが同時に真であるモデルが存在しないということである。タブロー全体が閉じている，すなわちすべての枝が閉じているということは，考えられるあらゆる場合においてモデルが存在しないということであり，したがってこのとき，最初の根に書かれた命題のすべてが真になるモデル，すなわち前提すべてが真であり結論が偽であるモデルは存在しないことになる。逆にタブローが閉じない枝をもっているときには，ある場合においてその枝の上の命題が同時に真になることがあるということであり，したがって前提すべてが真になり，結論が偽になるモデルが存在するということである。このときその枝に現れている原子命題を見れば，そのようなモデルを特定することができる。

第 13 章で，ある推論をチェックするタブローが閉じるということが，その推論が第 4 章で定義した意味で妥当であるということと同値であることの概略を確認する。しかしそれまではタブローによってチェックされる推論の妥当性と，第 4 章の意味での妥当性を区別する必要がある。そこで前提 $A_1, \ldots, A_n$ から結論 B への推論をチェックするタブローが閉じるとき，その推論は**タブローによって妥当**であるといい，

$$A_1, \ldots, A_n \vdash B$$

と書く。

5.5 タブローの例

いくつかタブローの例を見ていこう。本章では比較的簡単な結合記号にかんする規則だけを用いるタブローを例にとる。量化記号および同一性述語にかんする推論にかんしては第 6 章で扱う。以下において A, B, C は命題を表す。

図 5.2 は $A \to (B \vee C)$ と $\neg B \wedge \neg C$ から $\neg A$ への推論の妥当性をチェックするタブローである。まず(I)チェックしたい推論の前提に含まれる命題と結論の否定を縦に並べる。次に(II) $A \to (B \vee C)$ に 6)を適用して，その下の枝の先を分岐させて $\neg A$ と $B \vee C$ を書き加える。ここで，$\neg A$ という命題とその否定 $\neg\neg A$ がこの枝に現れたので，枝の先端に "×"(バツじるし)をつける。(III) $\neg B \wedge \neg C$ に 2)を適用して，$\neg B$ と $\neg C$ をその下の枝の先に縦に並べて書き加える。(IV) $\neg\neg A$ に 1)を適用して，A をその下の枝の先に書き加える。(V) $B \vee C$ に 4)を適用して，その下の枝の先を分岐させて B と C を書き加える。(このタブローにはこれ以上適用できる規則はない。このタブローには末端に $\neg A, B, C$ という命題をもつ 3 個の枝がある。これらの枝はすべて矛盾（ある命題とその否定）を含んでおり，したがってこのタブローは全体として閉じたタブローである。したがって $A \to (B \vee C), \neg B \wedge \neg C \vdash \neg A$。

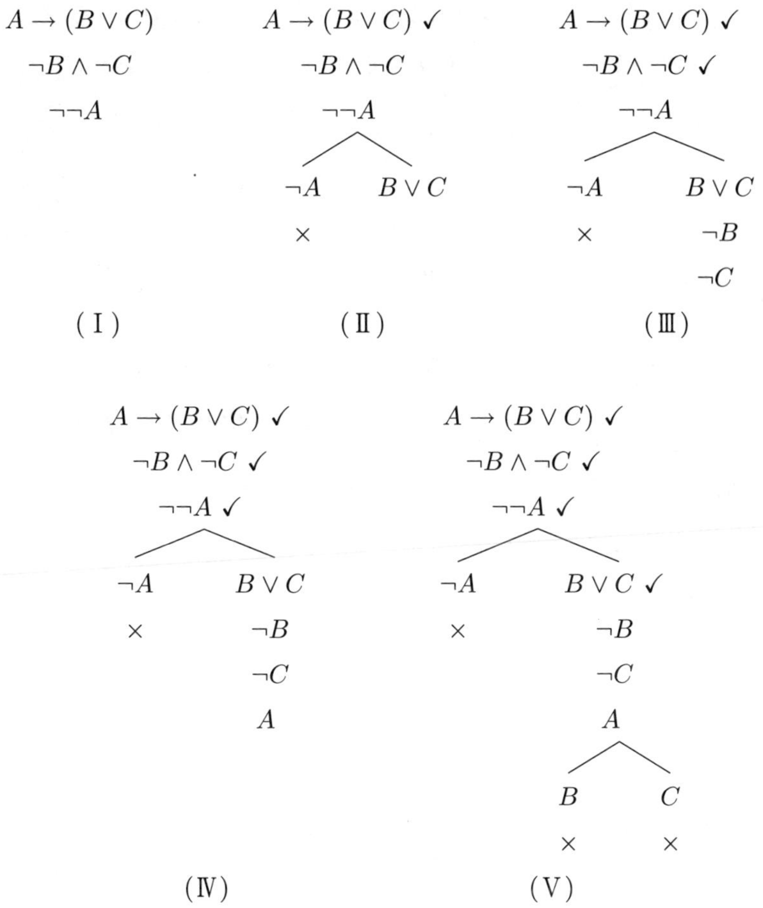

$A \to (B \lor C)$
$\neg B \land \neg C$
$\neg\neg A$

(Ⅰ)

$A \to (B \lor C)$ ✓
$\neg B \land \neg C$
$\neg\neg A$
$\neg A$ | $B \lor C$
×

(Ⅱ)

$A \to (B \lor C)$ ✓
$\neg B \land \neg C$ ✓
$\neg\neg A$
$\neg A$ | $B \lor C$
× | $\neg B$
　| $\neg C$

(Ⅲ)

$A \to (B \lor C)$ ✓
$\neg B \land \neg C$ ✓
$\neg\neg A$ ✓
$\neg A$ | $B \lor C$
× | $\neg B$
　| $\neg C$
　| A

(Ⅳ)

$A \to (B \lor C)$ ✓
$\neg B \land \neg C$ ✓
$\neg\neg A$ ✓
$\neg A$ | $B \lor C$ ✓
× | $\neg B$
　| $\neg C$
　| A
　| B | C
　| × | ×

(Ⅴ)

図 5.2　タブローの形成の例(1)

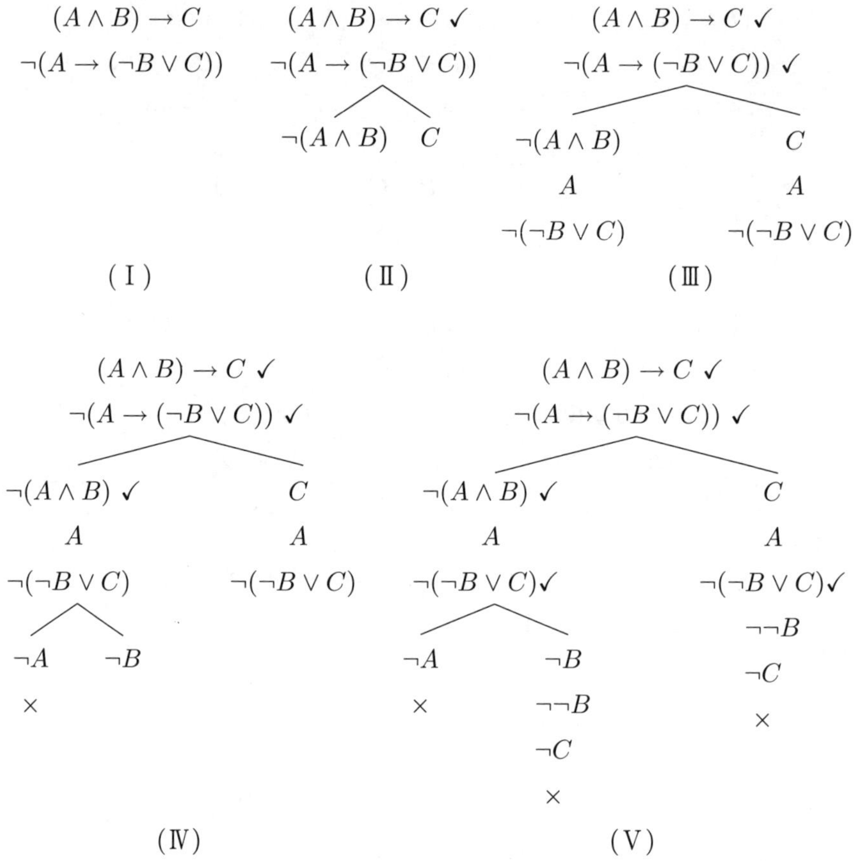

$$(A \wedge B) \to C$$
$$\neg(A \to (\neg B \vee C))$$

(Ⅰ)

$$(A \wedge B) \to C \checkmark$$
$$\neg(A \to (\neg B \vee C))$$
$$\neg(A \wedge B) \quad C$$

(Ⅱ)

$$(A \wedge B) \to C \checkmark$$
$$\neg(A \to (\neg B \vee C)) \checkmark$$
$$\neg(A \wedge B) \qquad C$$
$$A \qquad A$$
$$\neg(\neg B \vee C) \qquad \neg(\neg B \vee C)$$

(Ⅲ)

$$(A \wedge B) \to C \checkmark$$
$$\neg(A \to (\neg B \vee C)) \checkmark$$
$$\neg(A \wedge B) \checkmark \qquad C$$
$$A \qquad A$$
$$\neg(\neg B \vee C) \qquad \neg(\neg B \vee C)$$
$$\neg A \quad \neg B$$
$$\times$$

(Ⅳ)

$$(A \wedge B) \to C \checkmark$$
$$\neg(A \to (\neg B \vee C)) \checkmark$$
$$\neg(A \wedge B) \checkmark \qquad C$$
$$A \qquad A$$
$$\neg(\neg B \vee C)\checkmark \qquad \neg(\neg B \vee C)\checkmark$$
$$\neg A \quad \neg B \qquad \neg\neg B$$
$$\times \quad \neg\neg B \qquad \neg C$$
$$\neg C \qquad \times$$
$$\times$$

(Ⅴ)

図 5.3　タブローの形成の例 (2)

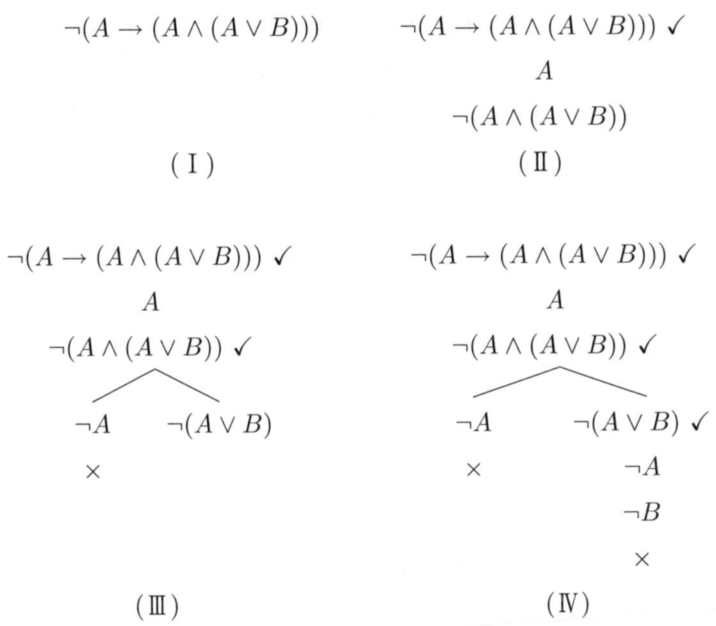

$$\neg(A \to (A \land (A \lor B)))$$

(Ⅰ)

$$\begin{array}{c} \neg(A \to (A \land (A \lor B))) \checkmark \\ A \\ \neg(A \land (A \lor B)) \end{array}$$

(Ⅱ)

$$\begin{array}{c} \neg(A \to (A \land (A \lor B))) \checkmark \\ A \\ \neg(A \land (A \lor B)) \checkmark \\ \swarrow \quad \searrow \\ \neg A \qquad \neg(A \lor B) \\ \times \qquad\qquad \end{array}$$

(Ⅲ)

$$\begin{array}{c} \neg(A \to (A \land (A \lor B))) \checkmark \\ A \\ \neg(A \land (A \lor B)) \checkmark \\ \swarrow \quad \searrow \\ \begin{array}{cc} \neg A & \neg(A \lor B) \checkmark \\ \times & \neg A \\ & \neg B \\ & \times \end{array} \end{array}$$

(Ⅳ)

図 5.4　タブローの形成の例(3)

もう 1 つ例を挙げよう。図 5.3 は $(A \land B) \to C$ から $A \to (\neg B \lor C)$ への推論をチェックするタブローの形成過程を示している。各段階においてどの規則を使ってこのようなタブローが作られているかを確かめることは演習問題とする。すでに閉じている枝にはそれ以上命題が書き加えられないことに注意しよう。

すべてのモデルで真になる命題は，前提をもたない推論と考えることができる。したがってそのような推論の妥当性をチェックするためのタブローは，チェックしたい命題の否定を置くことからスタートする。その後は通常のタブロー形成の手続きと同様である。図 5.4 は $A \to (A \land (A \lor B))$

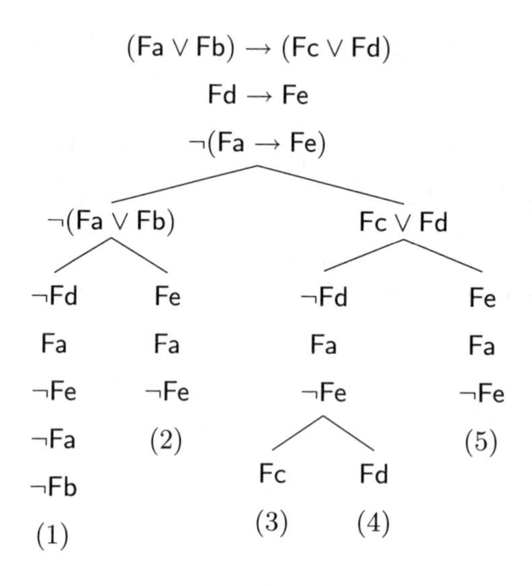

図 5.5　開いたタブローの例

をチェックするタブローの形成の過程を示したものである。この過程のどの段階でどの規則が適用されているかを考えることは演習問題とする。

次に妥当でない推論に対するタブローを見てみよう。図 5.5 は $(\mathsf{Fa} \lor \mathsf{Fb}) \to (\mathsf{Fc} \lor \mathsf{Fd}), \mathsf{Fd} \to \mathsf{Fe}$ を前提として $\mathsf{Fa} \to \mathsf{Fe}$ を結論とする推論をチェックするタブローである。(1)，(2)，(4)，(5)の枝は閉じているが，(3)の枝は開いている。この枝に現れている原子命題とその否定に注目することによってこの推論を反証するモデルを考えることができる。ここに現れている原子命題（またはその否定）は $\mathsf{Fa}, \mathsf{Fc}, \neg\mathsf{Fd}, \neg\mathsf{Fe}$ である。したがって Fa, Fc を真にし，Fd, Fe を偽にするモデルを考えることができれば，それが反例モデルとなる。まず個体領域 $U = \{u_\mathsf{a}, u_\mathsf{b}, u_\mathsf{c}, u_\mathsf{d}, u_\mathsf{e}\}$ を考えよう。解釈として，個体名に関しては $v(\mathsf{a}) = u_\mathsf{a}, v(\mathsf{b}) = u_\mathsf{b}, v(\mathsf{c}) =$

$u_{\mathsf{c}}, v(\mathsf{d}) = u_{\mathsf{d}}, v(\mathsf{e}) = u_{\mathsf{e}}$，述語記号に関しては $v(\mathsf{F}) = \{u_{\mathsf{a}}, u_{\mathsf{c}}\}$ を満たす解釈 v を考えればよい。このモデルを $\mathcal{M}$ によって表すことにする。$v(\mathsf{c}) = u_{\mathsf{c}} \in \{u_{\mathsf{a}}, u_{\mathsf{c}}\} = v(\mathsf{F})$. したがって $\mathcal{M} \Vdash \mathsf{Fc}$. よって，$\mathcal{M} \Vdash \mathsf{Fc} \vee \mathsf{Fd}$. よって，$\mathcal{M} \Vdash (\mathsf{Fa} \vee \mathsf{Fb}) \to (\mathsf{Fc} \vee \mathsf{Fd})$. また，$v(\mathsf{d}) = u_{\mathsf{d}} \notin \{u_{\mathsf{a}}, u_{\mathsf{c}}\} = v(\mathsf{F})$. ゆえに，$\mathcal{M} \nVdash \mathsf{Fd}$. したがって，$\mathcal{M} \Vdash \mathsf{Fd} \to \mathsf{Fe}$. すなわち $\mathcal{M}$ において前提はすべて真である。また $v(\mathsf{a}) = u_{\mathsf{a}} \in \{u_{\mathsf{a}}, u_{\mathsf{c}}\} = v(\mathsf{F})$. つまり，$\mathcal{M} \Vdash \mathsf{Fa}$. また，$v(\mathsf{e}) = u_{\mathsf{e}} \notin \{u_{\mathsf{a}}, u_{\mathsf{c}}\} = v(\mathsf{F})$. したがって $\mathcal{M} \nVdash \mathsf{Fe}$. よって $\mathcal{M} \nVdash \mathsf{Fa} \to \mathsf{Fe}$. よって $\mathcal{M}$ において結論は偽である。したがってモデル $\mathcal{M}$ はこの推論に対する反例モデルになっている。

5.6 妥当でない推論と反例モデル

第 4 章において私たちは推論の妥当性をモデルの概念を使って，$A_1, \ldots, A_n$ を前提として B を結論とする推論が妥当であるということを，$A_1, \ldots, A_n$ のすべてが真であるモデルにおいてかならず B も真であることとして定義した。言い換えるとその推論が妥当でないということは $A_1, \ldots, A_n$ のすべてが真になり B が偽であるモデルが存在するということである。そのようなモデルを，その推論の**反例モデル**と呼んだ。タブローの方法が効力を発揮する 1 つの場面は妥当でない推論に対して，その反例モデルを見つけることを容易にするということである。より詳しく言うと，タブローによってある推論が妥当でないと判明したときに，そのタブローの開いた枝は 1 つの反例モデルを示唆する。すなわちその枝に現れる原子命題あるいはその否定のすべてが真であるモデルはこの推論の反例である。

より具体的に言えば，反例モデルを作るためには，まずタブローの開いた枝に現れる原子命題あるいはその否定のすべてを考え，その集合を $\mathcal{A}$ によって表す。また同じ枝に現れる個体名の集合を $\mathcal{N}$，述語記号の集合を $\mathcal{P}$ によって表す。$\mathcal{N}$ に含まれる個体名の１つひとつに異なる対象を割り当てる。$\mathcal{N}$ に含まれない個体名には何を割り当ててもよい。個体名 a に対して割り当てられた対象を u_a と表すことにする。それぞれの述語記号 $P \in \mathcal{P}$ に対して集合 $\{\langle u_{a_1}, \dots, u_{a_n} \rangle : Pa_1 \cdots a_n \in A\}$ を割り当てる。$\mathcal{P}$ に含まれない述語にはやはり何を割り当ててもよいが，ここではすべてに $\emptyset$ を割り当てることにする。このようにして述語記号 P に割り当てられた集合を P^* によって表す。このとき個体領域として $U = \{u_a : a \in \mathcal{N}\}$ をもち，解釈として，任意の個体名 a に対して $v(a) = u_a$，任意の述語記号 P に対して $v(P) = P^*$ となる解釈 v をもつモデルを考えると，これは当のタブローによって妥当ではないとされた推論に対する反例モデルになっている。

演習問題 5

1. 図 5.3 および図 5.4 に示されているタブローの形成過程のそれぞれにおいて，どの段階でどの規則がタブローのどの部分に適用されているかを示しなさい。

2. 以下を示すタブローを描きなさい。

(1) $A \vdash B \to A$

(2) $A \to (B \to C) \vdash (A \to B) \to (A \to C)$

(3) $(A \land B) \to C \vdash A \to (B \to C)$

(4) $\vdash (A \to B) \lor (B \to C)$

(5) $A \to (B \to C) \vdash B \to (A \to C)$

(6) $A \wedge (B \wedge C) \vdash (A \wedge B) \wedge C$

(7) $A \vee (B \vee C) \vdash (A \vee B) \vee C$

(8) $(A \vee C) \wedge (B \vee \neg C) \vdash A \vee B$

(9) $A \vee B, B \rightarrow A, \neg(A \wedge B) \vdash A \wedge \neg B$

3. 以下が成り立たないことを示す反例モデルをタブローを使って見つけなさい。

(1) $\mathsf{Fa} \rightarrow \mathsf{Fb}, \mathsf{Gc} \rightarrow \mathsf{Gd} \models (\mathsf{Fa} \vee \mathsf{Gc}) \rightarrow (\mathsf{Fb} \wedge \mathsf{Gd})$

(2) $\neg(\mathsf{Fa} \rightarrow \mathsf{Gb}), \mathsf{Fc} \vee (\mathsf{Gb} \vee \mathsf{Gc}) \models \mathsf{Fc} \vee \mathsf{Ga}$

(3) $(\mathsf{Fa} \wedge \mathsf{Fb}) \vee \mathsf{Fc} \models \mathsf{Fa} \wedge (\mathsf{Fb} \vee \mathsf{Fc})$

(4) $(\mathsf{Fa} \wedge \mathsf{Jc}) \vee (\mathsf{Gb} \wedge \neg \mathsf{Jc}) \models \mathsf{Fa} \wedge \mathsf{Gb}$

(5) $\mathsf{Fab} \wedge \mathsf{Fbc} \models \mathsf{Fac}$

6 タブローによる妥当性のチェック(2)

久木田水生

《目標＆ポイント》 量化記号や同一性述語を含んだ命題を前提や結論とする推論をチェックするタブローの方法を理解する。

《キーワード》 妥当性，タブロー，量化記号，同一性述語

第5章ではタブローの方法を導入し，結合記号のみを含む推論をチェックするタブローの例を見た。本章ではタブローの方法を，量化記号および同一性述語を含む推論のチェックに応用する。量化記号と同一性記号が加わるとタブローは格段に難しくなるが，基本的にはルールを根気よく正確に（機械的に）適用していけば正しい結果が得られるので，頑張ってほしい。

6.1 量化記号を含む推論

6.1.1 量化記号を含む推論の例

量化記号にかんするタブローの規則の適用例を見てみよう。図6.1は∃x∀yFxyを前提として∀y∃xFxyを結論とする推論をチェックするタブローの形成過程を示したものである。まず(1)として前提を書き，(2)として結論の否定を書く。次に，(1)に対して規則10)を適用して(3)を書き加える。規則10)は，その命題を含む枝に現れていない任意の個体名を選び，$\exists x$ の後ろの式に現れる変項 x にその個体名を代入した式を書き加えるというものである。ここでは個体名aを使っている。次に(2)に規則9)を適用して(4)を書き加える。規則9)も同様に ¬∀y の後ろの式の変項y

$$\exists x \forall y Fxy \quad (1)$$
$$\neg \forall y \exists x Fxy \quad (2)$$
$$\forall y Fay \quad (3)$$
$$\neg \exists x Fxb \quad (4)$$
$$Fab \quad (5)$$
$$\neg Fab \quad (6)$$
$$\times$$

図 6.1　量化記号を含むタブローの例

に新しい個体名を代入することを要求する。a がすでに使われているので，ここでは b を使う。次に(3)に対して規則 8)を適用して(5)を書き加える。最後に(4)に対して規則 11)を適用して(6)を書き加える。

このタブローの形成において，(3)に個体名を代入して(5)を書き加える際に規則 8) が使われている。この規則によれば，任意の個体名を選んで，それを Fay の y に代入した命題を書き加えてよい。したがって私たちは(5)の命題だけでなくたとえば Faa，Fac，Fad などの命題を書き加えることもできる。同じことは(4)に個体名を代入して(6)を書き加えるステップについてもいえる。しかしこれらの命題を加えてもタブローは閉じない。一方で上のタブローのように個体名を選ぶとタブローは閉じる。したがって b 以外の個体名を選んでもこの推論のチェックに何の関係もない。量化記号や同一性述語を含む命題にかんする推論においては，効率よく規則を適用しないとタブローが複雑かつ大きくなる。この点については 6.3 節で述べる。

次に閉じないタブローの例をみてみよう。図 6.2 は $\forall x(Fx \rightarrow Gx)$ を前提として $\exists x(Fx \wedge Gx)$ を結論とする推論の妥当性をチェックするタブローである。まず(2)に規則 11)を適用して(3)が書き加えられる。規則 8)を

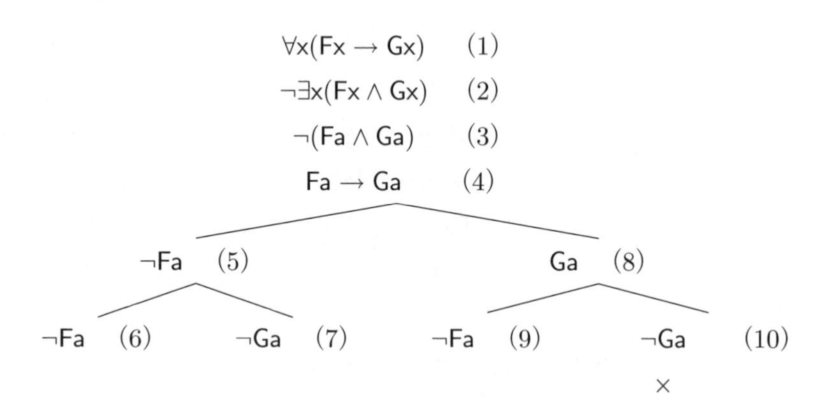

図 6.2　量化記号を含む開いたタブローの例

(1) に適用して (4) を書き加える。このタブローにおいては (6) (7) (9) が含まれた枝が開いている。(1) と (2) に規則 8) と 11) をさらに適用してもこのタブローが閉じることがないことは明らかだろう。そこでタブローの形成手続きの適用はここで終了し，妥当ではない推論であると想定して反例モデルを考えよう。たとえば一番左の枝からは対象が 1 個だけで，Fa を偽にするモデルがこの推論の反例モデルになるということがわかり，この推論が妥当でないことを確認することができる。

6.1.2 個体名を無限個にして言語を拡張する

量化記号を含む推論の妥当性を確かめるタブローを描く際には，必要となる個体名の数はわからない。これまでは有限の個体名しかもたない言語を扱ってきたが，以後は言語は個体名 $a, b, c, \ldots, a_1, b_2, c_2, \ldots$ の数にはかぎりがないものとする。

このような言語が必要な理由をもう少し具体的に考えてみよう。たとえば $\exists x_1 \exists x_2 \cdots \exists x_n \exists y((\cdots(Fx_1 \land Fx_2) \land \cdots \land Fx_n) \land Gy)$ を前提として $\exists xGx$

$$\forall x \exists y Fxy \quad (1)$$
$$\neg Ga_1 \quad (2)$$
$$\exists y Fa_1y \quad (3)$$
$$Fa_1a_2 \quad (4)$$
$$\exists y Fa_2y \quad (5)$$
$$Fa_2a_3 \quad (6)$$
$$\exists y Fa_3y \quad (7)$$
$$Fa_3a_4 \quad (8)$$
$$\vdots$$

図 6.3　無限に伸びるタブロー

を結論とする推論をタブローでチェックすることを考えよう。ここでは規則 10)を $n+1$ 回適用しなければならない。したがってこのタブローにおいては異なる個体名が $n+1$ 個必要になってくる。私たちはいくらでも大きな整数 n に対して $\exists x_1 \exists x_2 \cdots \exists x_n \exists y(Fx_1 \wedge Fx_2 \wedge \cdots \wedge Fx_n \wedge Gy)$ という式を考えることができるので，個体名はいくらでも必要となる。

また場合によってはタブローを形成する手続きが終了せずに，延々と新しい個体名を導入しなければならないこともある。たとえば $\forall x \exists y Fxy$ を前提として Ga_1 を結論とする推論をチェックするタブローを考えよう(図 6.3)。タブローの規則を適用していくと，この推論をテストするタブロー生成の手続きが決して終わらないことがわかる。新しい個体名が導入されるたびに $\forall x \exists y Fxy$ に対して規則 8)が適用され，その新しい個体名を含んだ存在量化命題が枝に追加される。そしてその新しい存在命題に対して規則 10)が適用され，新しい個体名が導入される。このプロセスは決して終了することがない。

このように一部の推論をチェックする過程が終了しないということは，タブローの方法には一定の限界があることを示している。このことについては第13章で触れる。

6.2 同一性述語を含む推論

次に同一性述語を含む推論を考えてみよう。私たちは第4章において，同一性述語については反射律，対称律，推移律があらゆるモデルで真であることを示した。図6.4はタブローの方法によって $\forall x \forall y \forall z((\doteq xy \wedge \doteq yz) \rightarrow \doteq xz)$（推移律）が前提なしに真であることを示している。この推論においては前提が存在しないので，タブローの形成は結論の否定（のみ）を置くことから始める。(1)から(8)までの命題は結合記号と量化記号に対する規則の適用によって得られる。(8)に規則12)を適用して，(7)において b が現れるところに c を代入した式，すなわち(9)を書き加える。この

$$\neg\forall x\forall y\forall z((\doteq xy \wedge \doteq yz) \rightarrow \doteq xz) \quad (1)$$
$$\neg\forall y\forall z((\doteq ay \wedge \doteq yz) \rightarrow \doteq az) \quad (2)$$
$$\neg\forall z((\doteq ab \wedge \doteq bz) \rightarrow \doteq az) \quad (3)$$
$$\neg((\doteq ab \wedge \doteq bc) \rightarrow \doteq ac) \quad (4)$$
$$\doteq ab \wedge \doteq bc \quad (5)$$
$$\neg\doteq ac \quad (6)$$
$$\doteq ab \quad (7)$$
$$\doteq bc \quad (8)$$
$$\doteq ac \quad (9)$$
$$\times$$

図6.4　同一性述語にかんする推移律をチェックするタブロー

$$
\begin{array}{ll}
\neg\forall x\forall y(\doteq xy \to \doteq yx) & (1)\\
\neg\forall y(\doteq ay \to \doteq ya) & (2)\\
\neg(\doteq ab \to \doteq ba) & (3)\\
\doteq ab & (4)\\
\neg\doteq ba & (5)\\
\neg\doteq bb & (6)\\
\doteq bb & (7)\\
\times &
\end{array}
$$

図 6.5　同一性述語にかんする対称律をチェックするタブロー

時点で(9)とその否定(6)が同一の枝に現れたことが確認できたのでタブローは閉じている。

図 6.5 は対称律 $\vdash \forall x\forall y(\doteq xy \to \doteq yx)$ が成り立つことを示すタブローである。(4)に規則 12)を適用して，(5)における a に b を代入した式(6)を書き加える。それに規則 13)を適用して(7)を書き加えることによって，このタブローは閉じる。

6.3 規則を適用する順番

タブローを作る際，規則を適用する順番には指定はない。なぜならば，規則をどのような順番で適用しても閉じるタブローは閉じるし，閉じないタブローは閉じないからである（ただし量化に関する規則を適用する際には適切な個体名を選ばないと閉じる枝がいつまでも閉じないことはある)。この意味でタブローに規則を適用する順番は本質的ではない。とはいえ場合によっては規則を適用する順番を考えた方が，タブローがより「小さく」すむ場合もある。たとえば，前提が $A \vee B, C \to D, A \wedge B,$

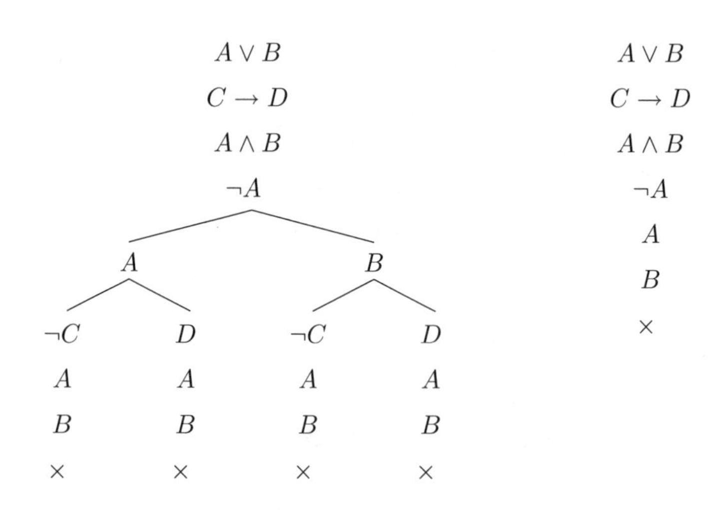

図 6.6　効率の悪いタブローと良いタブロー

結論が A であるような推論をチェックするタブローを考えよう。図 6.6 の 2 つのタブローはどちらもこの推論をチェックするタブローである。左のタブローは上の式から順番に規則を適用している。右のタブローは先に $A \wedge B$ に規則を適用し，その時点で閉じたタブローになっている。したがってこの推論については左側のように上の 2 つの式を分解するのは効率が悪い。

一般にタブローを効率よく作るためには以下の 4 つの点に気をつけるとよい。

- 分岐を引き起こす規則（連言否定，仮言肯定，選言肯定）はできるだけ後に適用する。
- 全称肯定および存在否定の適用はできるだけ後回しにする。
- 全称肯定および存在否定は個体名を「慎重に」選んで適用する。とくに，枝に現れていない個体名を選ばない。

- 同一性肯定は矛盾となる原子命題またはその否定に先に適用する。

演習問題 6

1. 任意の正整数 n に対して $\exists x_1 \exists x_2 \cdots \exists x_n \exists y((\cdots(Fx_1 \wedge Fx_2) \wedge \cdots \wedge Fx_n) \wedge Gy) \vdash \exists x Gx$ が成り立つことを説明しなさい。

2. 以下を確かめなさい。

(1)　$\forall x A \vdash \exists x A$

(2)　$\forall x \forall y A \vdash \forall y \forall x A$

(3)　$\exists x(A \vee B) \vdash \exists x A \vee \exists x B$

(4)　$\forall x(A \vee B) \vdash \forall x A \vee \exists x B$

(5)　$\forall x A \wedge \exists x B \vdash \exists x(A \wedge B)$

(6)　$\forall x(A \rightarrow B), \exists x A \vdash \exists x B$

(7)　$\vdash \forall x \doteq xx$

(8)　$\vdash \forall x \exists y \doteq xy$

3. 以下が成り立たないことを示す反例モデルをタブローを使って見つけなさい。

(1)　$\models \forall x \forall y(\doteq xy)$

(2)　$\models \forall x \exists y(\neg \doteq xy)$

(3)　$\forall x(Fx \vee Gx) \models \forall x Fx \vee \forall x Gx$

(4)　$\exists x Fx \wedge \exists x Gx \models \exists x(Fx \wedge Gx)$

7 多重量化

加藤　浩

《目標＆ポイント》本章では $\exists x\exists yRxy$ や $\forall y\exists xRxy$ のように量化記号のスコープの中にさらに量化記号が含まれているような多重量化命題を取り上げて検討する。量化記号を組み合わせることで，日本語としては意味の違いがわかりにくい命題が，一階述語論理では命題の形式的な違いとして明確に区別できる。
《キーワード》多重量化，全称量化記号，存在量化記号，量化の順番，スコープ，翻訳，冠頭標準形

ここまでの章で一階述語論理の言語 $\mathcal{L}$ の文法と意味論を厳密に定義し，推論の妥当性をタブローを用いて形式的に検証することを学んだ。そこには曖昧さが含まれていない。翻って，私たちが日常使っている日本語のような自然言語において，推論の妥当性をチェックしようというときには，言葉の意味の多義性や文脈の影響があって，しばしば曖昧さを排除できないという問題がある。しかし，日本語の命題をいったん一階述語言語 $\mathcal{L}$ の命題に翻訳できれば，そこから先はこれまで学んできたような道具立てを使って，命題の真偽や推論の妥当性を厳密に検討することができる。そこで以降の章では，一階述語論理を用いて，私たちが日常行っている推論を検討するという課題に取り組む。

7.1 紛らわしい日本語の命題

次の２つの命題について考えてみよう。

1)　ジョンが太郎を尊敬している。

2)　太郎がジョンに尊敬されている。

この 2 つの命題の違いは文法的な違いであり，これらが描写しているのはまったく同じ事態（ジョンと太郎のあいだに，前者から後者への尊敬という関係が成り立っている）である。それゆえ，1)と 2)は論理的に同値，すなわち，1)を前提とし 2)を結論とする推論は妥当であり，逆の 2)を前提とし 1)を結論とする推論も妥当である。

それではこれらの日本語の命題と同じ形の次のような命題を作って，同様の推論が成り立つか検討してみよう。まず，「ジョン」を「みんな」に置き換えて，すべての人について言及した命題を作ってみる。同じように論理的同値だろうか。

3)　みんなが太郎を尊敬している。

4)　太郎がみんなに尊敬されている。

どちらの命題も太郎がみんなの尊敬の的になっている事態を等しく描写しており，論理的に同値である。

次に，「ジョン」を「誰か」に置き換えて命題を作る。

5)　誰かが太郎を尊敬している。

6)　太郎が誰かに尊敬されている。

5)も 6)も同一の事態を描写しており，論理的に同値である。この範囲では，それぞれの対の論理的同値は保たれている。

しかし，このような置き換えを二度行った命題になると，これまでと少し様子が違うことが起こる。たとえば 3) 4)の「太郎」を「誰か」に置き換えると，次に示すような命題ができる。

7)　みんなが誰かを尊敬している。

8)　誰かがみんなに尊敬されている。

これらはそれ以前の命題と文法的には同じである。しかし，それが描写している事態は異なるように思われる。それぞれの命題を言い換えると次のようになるだろう。

7') たとえばわたしは友人を尊敬しているし，あなたは有名な作家を尊敬している。その作家はある音楽家を尊敬している。どんな人にもその人なりの尊敬の対象が存在する。

8') みんなの尊敬を一身に集めている人が存在する。わたしも，あなたも，みんながその人のことを尊敬している。

このように2つの命題は異なる事態を描写している。ここからわかることは，7)を前提として8)を結論とする推論は妥当ではない（各人がそれぞれに尊敬の対象をもっていても，尊敬の対象が全員に共通とはかぎらない）が，8)を前提として7)を結論とする推論は妥当である（全員に共通の尊敬の対象が存在するなら，当然各人には尊敬の対象が存在するといってよい）ということである。

このように，同じ文法的特徴をもつ一対の文について，推論の妥当性が食い違うケースが生じる。いわば，日本語の文法は推論の妥当性を素直に保証してくれない。こういった興味深い特徴があるがゆえに，このような「すべて」「誰か」などを含む日本語の命題をとくに取り上げて検討の対象とする必要がある。

じつは，日本語では混乱しがちなこのような命題も，一階述語言語で表現すれば，これらの日本語の命題の意味の違いを，形式的な違いとして際立たせることができる。以下では，7)や8)のような日本語の命題が一階述語言語のどのような命題として表現できるのかを検討する。

7.2 量化命題の分析

7)や8)のような命題を一階述語言語に翻訳できるようになるためには，一階述語言語の命題について，それがどういう事態を描写しているか，つまりどういう条件を満たすようなモデルであれば真になるのかを的確に把握できるようになることが早道である。

その準備として，全称量化記号や存在量化記号を含む命題の真偽の分析の方法を復習しておこう。ここでは，理解を助けるために，個体領域が有限個の場合を考える。定義 3.4 によると，A を個体名 a に対して A^x_{a} が命題となるような式としたとき，個体領域が $U = \{u_1, u_2, \ldots, u_n\}$ であるモデル $\mathcal{M} = \langle U, v \rangle$ において $\forall x A$ が真であるとは，次のようなことであった。

$$\begin{aligned}\mathcal{M} \Vdash \forall x A &\iff U \text{ のすべての要素 } u_i \text{ に対して } \mathcal{M} \Vdash A^x_{\mathsf{k}_i} \\ &\iff \mathcal{M} \Vdash A^x_{\mathsf{k}_1},\ \mathcal{M} \Vdash A^x_{\mathsf{k}_2},\ \cdots,\ \mathcal{M} \Vdash A^x_{\mathsf{k}_n} \text{ のすべてが真。}\end{aligned} \tag{7.1}$$

同様に，

$$\begin{aligned}\mathcal{M} \Vdash \exists x A &\iff \mathcal{M} \Vdash A^x_{\mathsf{k}_i} \text{ を真にする } U \text{ の要素 } u_i \text{ が存在する} \\ &\iff \mathcal{M} \Vdash A^x_{\mathsf{k}_1},\ \mathcal{M} \Vdash A^x_{\mathsf{k}_2},\ \cdots,\ \mathcal{M} \Vdash A^x_{\mathsf{k}_n} \text{ のうち少なくとも 1 つが真。}\end{aligned} \tag{7.2}$$

これらを用いて，量化記号が二重になった $\mathcal{M} \Vdash \forall\mathsf{x}\exists\mathsf{y}\mathsf{Rxy}$ を分析し，どのようなモデルが $\forall\mathsf{x}\exists\mathsf{y}\mathsf{Rxy}$ を真にするかを調べてみよう。

命題の形成プロセスを逆にたどり

1) (7.1)を適用して，x についての全称量化命題を分析する。その結果は，個体領域中のすべての個体に割り当てられた個体名 $\mathsf{k}_i (i = 1, \ldots, n)$ において $\exists\mathsf{y}\mathsf{Rk}_i\mathsf{y}$ が真であるようなモデル，すなわち，$\mathcal{M} \Vdash \exists\mathsf{y}\mathsf{Rk}_1\mathsf{y}$ かつ $\mathcal{M} \Vdash \exists\mathsf{y}\mathsf{Rk}_2\mathsf{y} \ldots$ かつ $\mathcal{M} \Vdash \exists\mathsf{y}\mathsf{Rk}_n\mathsf{y}$ であるような $\mathcal{M}$ が求めるモデルである。
2) 次に，上記の各命題に(7.2)を適用して，y についての存在量化命題を分析する。その結果は，個体領域中の少なくとも 1 つの個体名

$\mathsf{k}_j (j = 1, \dots, n)$ において，$\mathsf{Rk}_i\mathsf{k}_j$ が真であるようなモデル，すなわち，$\mathcal{M} \Vdash \mathsf{Rk}_i\mathsf{k}_1$，$\mathcal{M} \Vdash \mathsf{Rk}_i\mathsf{k}_2$，...，$\mathcal{M} \Vdash \mathsf{Rk}_i\mathsf{k}_n$ のいずれか 1 つ以上が真となるような $\mathcal{M}$ が求めるモデルである。

これをまとめて，簡略化のために “$\mathcal{M} \Vdash$” を省略して書き下すと，個体名 $\mathsf{k}_i, , \mathsf{k}_j (i, j = 1, \dots, n)$ について，

$$\{(\mathsf{Rk}_1\mathsf{k}_1, \dots, \mathsf{Rk}_1\mathsf{k}_j, \dots, \mathsf{Rk}_1\mathsf{k}_n) \text{ の少なくとも 1 つは真であり }\},$$
$$\text{かつ } \{(\mathsf{Rk}_2\mathsf{k}_1, \dots, \mathsf{Rk}_2\mathsf{k}_j, \dots, \mathsf{Rk}_2\mathsf{k}_n) \text{ の少なくとも 1 つは真であり }\},$$
$$\dots,$$
$$\text{かつ } \{(\mathsf{Rk}_n\mathsf{k}_1, \dots, \mathsf{Rk}_n\mathsf{k}_j, \dots, \mathsf{Rk}_n\mathsf{k}_n) \text{ の少なくとも 1 つは真である }\}$$

ようなモデルが $\mathcal{M} \Vdash \forall\mathsf{x}\exists\mathsf{y}\mathsf{Rxy}$ を真にするモデルであることがわかる。

なお，命題の意味を分析するときには，ここでは個体領域の個体数を一般的な n としたが，n を 3 とか 4 の小さい個数にして考えると分析が容易になる。次節では，そのような小さな個体領域で分析を行っても，意味がつかめることを示してみよう。

7.3 二重量化命題の分析

7.1 節で問題にした日本語の命題は，一階述語言語では，2 つの量化記号の重なりで表すことができる。このような命題を二重量化命題と呼ぶ。

二重量化命題がどういうモデルにおいて真になるのかを考えてみよう。ここでは R を一般性のある 2 項述語記号として，解釈は定めないでおく。

式 Rxy を量化する場合，量化記号の並び順は全称＋全称，全称＋存在，存在＋全称，存在＋存在の 4 通りあり，それぞれについて，2 つの個体変項の並び順が 2 通りあるので，結局，表 7.1 に示すように全部で 8 通りの二重量化命題について検討する必要がある。

表 7.1　8 通りの二重量化命題

(a1) $\forall x \forall y Rxy$	(a2) $\forall x \exists y Rxy$	(a3) $\exists x \forall y Rxy$	(a4) $\exists x \exists y Rxy$
(b1) $\forall y \forall x Rxy$	(b2) $\forall y \exists x Rxy$	(b3) $\exists y \forall x Rxy$	(b4) $\exists y \exists x Rxy$

単純化のために個体が 4 つしかない小さな個体領域 $U = \{u_a, u_b, u_c, u_d\}$ で，その個体名がそれぞれ a, b, c, d であるモデル $\mathcal{M} = \langle U, v \rangle$ を例にとって，それぞれの命題が真であるモデルがどのようなものかを検討してみよう。

7.3.1 (a1) $\forall x \forall y Rxy$ と (b1) $\forall y \forall x Rxy$

$\forall x \forall y Rxy$ の場合には，式の形成の順序を逆にたどり，はじめに x についての全称量化を分析する。

$$\mathcal{M} \Vdash \forall x \forall y Rxy \iff$$
$$\mathcal{M} \Vdash \forall y Ray \text{ かつ } \mathcal{M} \Vdash \forall y Rby \text{ かつ } \mathcal{M} \Vdash \forall y Rcy \text{ かつ } \mathcal{M} \Vdash \forall y Rdy.$$

続いて，残る y についての全称量化を考えると，

$$\mathcal{M} \Vdash \forall y Ray \iff$$
$$\mathcal{M} \Vdash Raa \text{ かつ } \mathcal{M} \Vdash Rab \text{ かつ } \mathcal{M} \Vdash Rac \text{ かつ } \mathcal{M} \Vdash Rad.$$

残りの 3 つの項についても，同様に全称量化を分析し，代入をすると，次のようになる。

$$(\mathcal{M} \Vdash Raa \text{ かつ } \mathcal{M} \Vdash Rab \text{ かつ } \mathcal{M} \Vdash Rac \text{ かつ } \mathcal{M} \Vdash Rad)$$
$$\text{かつ } (\mathcal{M} \Vdash Rba \text{ かつ } \mathcal{M} \Vdash Rbb \text{ かつ } \mathcal{M} \Vdash Rbc \text{ かつ } \mathcal{M} \Vdash Rbd)$$
$$\text{かつ } (\mathcal{M} \Vdash Rca \text{ かつ } \mathcal{M} \Vdash Rcb \text{ かつ } \mathcal{M} \Vdash Rcc \text{ かつ } \mathcal{M} \Vdash Rcd)$$
$$\text{かつ } (\mathcal{M} \Vdash Rda \text{ かつ } \mathcal{M} \Vdash Rdb \text{ かつ } \mathcal{M} \Vdash Rdc \text{ かつ } \mathcal{M} \Vdash Rdd).$$

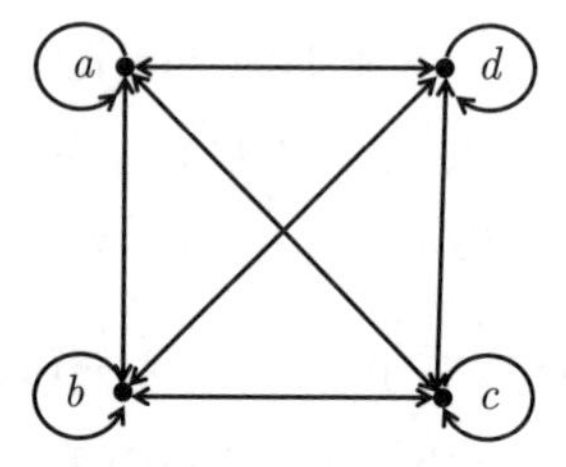

図 7.1　∀x∀yRxy および ∀y∀xRxy が真であるようなモデル

このときのカッコは外しても意味が変わらないので，最終的に $U^2(= U \times U)$ のすべての要素 $\langle x, y \rangle$ について Rxy が真であることが必要であることがわかる。したがって，∀x∀yRxy を真にするモデル $\mathcal{M}$ において $v(\mathsf{R}) = U^2$ でなければならない。これをグラフで表すと図 7.1 のようになり，この命題は，個体領域が U の場合は，このモデルのみで真になる。なお，グラフのノードは個体を表し，リンク $a \to b$ はこのモデルで Rab が真であることを表している。また，$a \to b$ かつ $b \to a$ のとき，$a \longleftrightarrow b$ と簡略化して表記している。

ここで，Rxy を「x が y を尊敬している」という意味だとすると，これは「みんながみんなを尊敬している（ただし，自分自身を尊敬する場合も含む）」「みんながみんなに尊敬されている（ただし，自分自身によって尊敬されている場合も含む）」という事態を表すモデルであることがわかる。

(b1) ∀y∀xRxy についても，同様の手順で分析でき，次のような分析結果が得られる。

$$(\mathcal{M} \Vdash \mathsf{Raa}\ \text{かつ}\ \mathcal{M} \Vdash \mathsf{Rba}\ \text{かつ}\ \mathcal{M} \Vdash \mathsf{Rca}\ \text{かつ}\ \mathcal{M} \Vdash \mathsf{Rda})$$
$$\text{かつ}\ (\mathcal{M} \Vdash \mathsf{Rab}\ \text{かつ}\ \mathcal{M} \Vdash \mathsf{Rbb}\ \text{かつ}\ \mathcal{M} \Vdash \mathsf{Rcb}\ \text{かつ}\ \mathcal{M} \Vdash \mathsf{Rdb})$$
$$\text{かつ}\ (\mathcal{M} \Vdash \mathsf{Rac}\ \text{かつ}\ \mathcal{M} \Vdash \mathsf{Rbc}\ \text{かつ}\ \mathcal{M} \Vdash \mathsf{Rcc}\ \text{かつ}\ \mathcal{M} \Vdash \mathsf{Rdc})$$
$$\text{かつ}\ (\mathcal{M} \Vdash \mathsf{Rad}\ \text{かつ}\ \mathcal{M} \Vdash \mathsf{Rbd}\ \text{かつ}\ \mathcal{M} \Vdash \mathsf{Rcd}\ \text{かつ}\ \mathcal{M} \Vdash \mathsf{Rdd}).$$

カッコを外して項の順番を並び換えれば，(a1)を分析した結果と同じになる。つまり，(a1)と(b1)を真にするモデルは同一であるので，この 2 つの命題は注意 4.5 に従って，論理的に同値である。

7.3.2 (a4) ∃x∃yRxy と (b4) ∃y∃xRxy

∃x∃yRxy の場合には，(7.2)に従って存在量化を x と y について分析する。式の形成の順序を逆にたどって分析すると，次の分析結果が得られる。

$$\mathcal{M} \Vdash \exists\mathsf{x}\exists\mathsf{y}\mathsf{Rxy} \iff$$
$$(\mathcal{M} \Vdash \mathsf{Raa}\ \text{または}\ \mathcal{M} \Vdash \mathsf{Rab}\ \text{または}\ \mathcal{M} \Vdash \mathsf{Rac}\ \text{または}\ \mathcal{M} \Vdash \mathsf{Rad})$$
$$\text{または}\ (\mathcal{M} \Vdash \mathsf{Rba}\ \text{または}\ \mathcal{M} \Vdash \mathsf{Rbb}\ \text{または}\ \mathcal{M} \Vdash \mathsf{Rbc}\ \text{または}\ \mathcal{M} \Vdash \mathsf{Rbd})$$
$$\text{または}\ (\mathcal{M} \Vdash \mathsf{Rca}\ \text{または}\ \mathcal{M} \Vdash \mathsf{Rcb}\ \text{または}\ \mathcal{M} \Vdash \mathsf{Rcc}\ \text{または}\ \mathcal{M} \Vdash \mathsf{Rcd})$$
$$\text{または}\ (\mathcal{M} \Vdash \mathsf{Rda}\ \text{または}\ \mathcal{M} \Vdash \mathsf{Rdb}\ \text{または}\ \mathcal{M} \Vdash \mathsf{Rdc}\ \text{または}\ \mathcal{M} \Vdash \mathsf{Rdd}).$$

この場合も結局，U^2 の少なくとも 1 つの要素 $\langle x, y\rangle$ で $\mathsf{R}xy$ が真となるようなモデルにおいて，∃x∃yRxy が真になることが明らかになった。その一例をグラフで表すと図 7.2 のようになる。この例の場合は $\mathcal{M} \Vdash \mathsf{Rca}$ であるので $\mathcal{M} \Vdash \exists\mathsf{x}\exists\mathsf{y}\mathsf{Rxy}$ である。

ここで，Rxy を「x が y を尊敬している」という意味だとすると，これは「誰かが誰かを尊敬している(ただし，自分自身を尊敬する場合も含む)」「誰かが誰かに尊敬されている(ただし，自分自身によって尊敬されている場合も含む)」という事態を表すモデルであることがわかる。

図 7.2 は ∃x∃yRxy が真である最少リンク数のモデルの 1 つであり，これに任意のリンクを加えたモデルでも，やはり真である。全部でいくつあるかを考えることを通して，どのような種類のモデルでこの命題が真になるかを考えてみよう。まず，モデルの総数は，U^2 のすべての要素について，R の解釈に含まれる場合と含まれない場合の 2 通りがあり得るので $2^{16} = 65,536$ 個となる。その中で ∃x∃yRxy が偽であるモデルは，R の解釈に U^2 の要素が 1 つも含まれないモデル，すなわち $v(\mathsf{R}) = \emptyset$ である 1 個のみであるので，総数から 1 を引いて 65,535 個あることになる。つまり，グラフの中に 1 つもリンクがないモデルを唯一の例外として，すべてのモデルが含まれる。

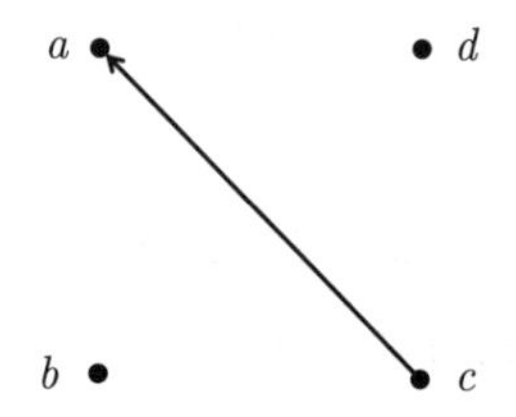

図 7.2　∃x∃yRxy および ∃y∃xRxy が真であるようなモデルの一例

なお，(b4) $\exists y \exists x Rxy$ についても，同様に分析すると次のようになる。

$$
\begin{aligned}
&\mathcal{M} \Vdash \exists y \exists x Rxy \iff \\
&\quad (\mathcal{M} \Vdash Raa \text{ または } \mathcal{M} \Vdash Rba \text{ または } \mathcal{M} \Vdash Rca \text{ または } \mathcal{M} \Vdash Rda) \\
&\text{または } (\mathcal{M} \Vdash Rab \text{ または } \mathcal{M} \Vdash Rbb \text{ または } \mathcal{M} \Vdash Rcb \text{ または } \mathcal{M} \Vdash Rdb) \\
&\text{または } (\mathcal{M} \Vdash Rac \text{ または } \mathcal{M} \Vdash Rbc \text{ または } \mathcal{M} \Vdash Rcc \text{ または } \mathcal{M} \Vdash Rdc) \\
&\text{または } (\mathcal{M} \Vdash Rad \text{ または } \mathcal{M} \Vdash Rbd \text{ または } \mathcal{M} \Vdash Rcd \text{ または } \mathcal{M} \Vdash Rdd).
\end{aligned}
$$

上式のカッコを外して項の順番を並び換えれば(a4)の分析結果と同じになる。つまり，(a4)が真であるモデルと同一のモデルで(b4)も真であるので，この 2 つの命題は論理的に同値である。

7.3.3 (a3) $\exists x \forall y Rxy$

$\exists x \forall y Rxy$ の場合には，次のような分析結果が得られる。この場合は，カッコのつけ方が重要である。

$$
\begin{aligned}
&\mathcal{M} \Vdash \exists x \forall y Rxy \iff \\
&\quad (\mathcal{M} \Vdash Raa \text{ かつ } \mathcal{M} \Vdash Rab \text{ かつ } \mathcal{M} \Vdash Rac \text{ かつ } \mathcal{M} \Vdash Rad) \\
&\text{または } (\mathcal{M} \Vdash Rba \text{ かつ } \mathcal{M} \Vdash Rbb \text{ かつ } \mathcal{M} \Vdash Rbc \text{ かつ } \mathcal{M} \Vdash Rbd) \\
&\text{または } (\mathcal{M} \Vdash Rca \text{ かつ } \mathcal{M} \Vdash Rcb \text{ かつ } \mathcal{M} \Vdash Rcc \text{ かつ } \mathcal{M} \Vdash Rcd) \\
&\text{または } (\mathcal{M} \Vdash Rda \text{ かつ } \mathcal{M} \Vdash Rdb \text{ かつ } \mathcal{M} \Vdash Rdc \text{ かつ } \mathcal{M} \Vdash Rdd).
\end{aligned}
$$

つまり，少なくとも 1 つのカッコの中で列挙されている事態がすべて成り立っているというのであるから，その一例をグラフで表すと図 7.3 のようになる。この例では，$\mathcal{M} \Vdash Rda$, $\mathcal{M} \Vdash Rdb$, $\mathcal{M} \Vdash Rdc$, $\mathcal{M} \Vdash Rdd$ がすべて真であるので，4 番目のカッコの中がすべて成り立っている。あ

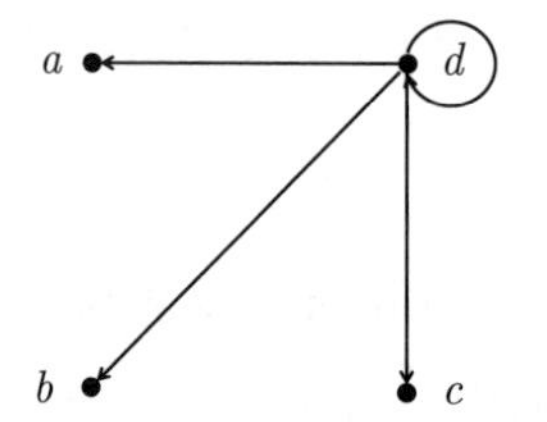

図 7.3　∃x∀yRxy が真であるようなモデルの一例

る 1 つのノードからすべてのノードに向けてリンクが伸びていることがポイントである。

ここで，Rxy を「x が y を尊敬している」という意味だとすると，これは「誰かがみんな（と自分自身）を尊敬している」「みんな（と自分自身）を尊敬している人がいる」という事態を表すモデルであることがわかる。

∃x∀yRxy が真であるモデルの数は，モデルの総数から前式の 4 つのカッコ内がすべて同時に偽であるモデルの数を引けばよい。個々のカッコ内が偽になるためには，中に含まれている 4 つの命題がモデル $\mathcal{M}$ において取り得る真偽値の全パターンの数 $2^4 = 16$ から，4 つの命題すべてが真となるパターンの数 1 を引いて，15 のパターンがあり得る。したがって，4 つのカッコ内がすべて同時に偽であるモデルの数は $15^4 = 50,625$ 個となる。これをモデルの総数である 65,536 から引くことで ∃x∀yRxy を真にするモデルの数が 14,911 個あることがわかる。この中には(a1) ∀x∀yRxy と(b1) ∀y∀xRxy のモデル(図 7.1)が含まれる。すなわち，∀x∀yRxy を真にするモデルならば，必ず ∃x∀yRxy が真である。一般に，命題 A が真であるすべてのモデルにおいて，命題 B も真であるときには，$A \models B$ である。したがって，次の推論は妥当である。

$$\forall x \forall y \mathrm{R}xy \models \exists x \forall y \mathrm{R}xy. \tag{7.3}$$

7.3.4 (b3) ∃y∀xRxy

(b3) ∃y∀xRxy は (a3) ∃x∀yRxy の個体変項が現れる順番が入れ替わったために形成木は異なるが，命題の真偽を分析する手順は同じである。したがって，次のようになる。

$\mathcal{M} \Vdash$ ∃y∀xRxy $\iff$

(𝓜 ⊩ Raa かつ 𝓜 ⊩ Rba かつ 𝓜 ⊩ Rca かつ 𝓜 ⊩ Rda)

または (𝓜 ⊩ Rab かつ 𝓜 ⊩ Rbb かつ 𝓜 ⊩ Rcb かつ 𝓜 ⊩ Rdb)

または (𝓜 ⊩ Rac かつ 𝓜 ⊩ Rbc かつ 𝓜 ⊩ Rcc かつ 𝓜 ⊩ Rdc)

または (𝓜 ⊩ Rad かつ 𝓜 ⊩ Rbd かつ 𝓜 ⊩ Rcd かつ 𝓜 ⊩ Rdd).

この場合もカッコは外すことができないため，(a3) ∃x∀yRxy とは同値にならない。

この命題を真にするモデルの一例を図 7.4 に示す。すべてのノードからある 1 つのノードに向けてリンクが伸びていることがポイントである。

ここで，Rxy を「x が y を尊敬している」という意味だとすると，これは「誰かをみんな（とその人自身）が尊敬している」「誰かがみんな（と自分自身）に尊敬されている」「みんな（とその人自身）が尊敬している人がいる」「みんな（と自分自身）に尊敬されている人がいる」という事

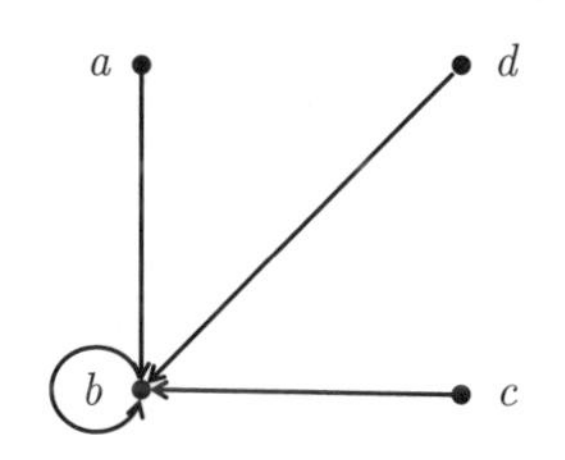

図 7.4　∃y∀xRxy が真であるようなモデルの一例

態を表すモデルであることがわかる。

この命題を真にするモデルの数は(a3) ∃x∀yRxy のときと同じく 14,911 個で，この中には(a1) ∀x∀yRxy と(b1) ∀y∀xRxy のモデル(図 7.1)が含まれている。したがって，次の推論は妥当である。

$$\forall x \forall y Rxy \models \exists y \forall x Rxy. \tag{7.4}$$

7.3.5 (a2) ∀x∃yRxy

∀x∃yRxy は 7.2 節で分析例としてすでに取り上げたが，改めて，x にかんする全称量化の分析と y にかんする存在量化の分析を行うと次のようになる。

$$
\begin{aligned}
&\mathcal{M} \Vdash \forall x \exists y Rxy \iff \\
&\quad (\mathcal{M} \Vdash Raa \text{ または } \mathcal{M} \Vdash Rab \text{ または } \mathcal{M} \Vdash Rac \text{ または } \mathcal{M} \Vdash Rad) \\
&\text{かつ } (\mathcal{M} \Vdash Rba \text{ または } \mathcal{M} \Vdash Rbb \text{ または } \mathcal{M} \Vdash Rbc \text{ または } \mathcal{M} \Vdash Rbd) \\
&\text{かつ } (\mathcal{M} \Vdash Rca \text{ または } \mathcal{M} \Vdash Rcb \text{ または } \mathcal{M} \Vdash Rcc \text{ または } \mathcal{M} \Vdash Rcd) \\
&\text{かつ } (\mathcal{M} \Vdash Rda \text{ または } \mathcal{M} \Vdash Rdb \text{ または } \mathcal{M} \Vdash Rdc \text{ または } \mathcal{M} \Vdash Rdd).
\end{aligned}
$$

すべてのカッコの中が，少なくとも 1 つは成り立つということについて，その一例をグラフで表すと図 7.5 のようになる。このモデルにおいては $\mathcal{M} \Vdash Rad$, $\mathcal{M} \Vdash Rba$, $\mathcal{M} \Vdash Rca$, $\mathcal{M} \Vdash Rdd$ が真であるので，4 つのカッコの中それぞれに 1 つずつ真である命題がある。すべてのノードがいずれかのリンクの出発点になっているが，かならずしもすべてのノードが到達点にはなっていないことがポイントである。(b と c に到達していない)

ここで，Rxy を「x が y を尊敬している」という意味だとすると，これは「みんながそれぞれ誰か（自分自身であってもよい）を尊敬している」

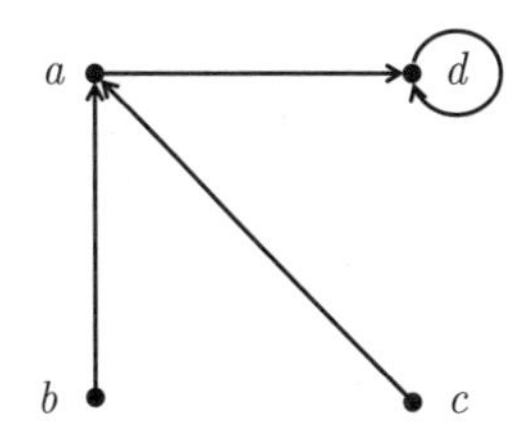

図 7.5　∀x∃yRxy が真であるようなモデルの一例

「誰しもそれぞれ尊敬している人（自分自身であってもよい）がいる」という事態を表すモデルであることがわかる。

∀x∃yRxy を真にするモデルの数も計算してみよう。上式の 1 つのカッコ内が成り立つパターンの数は $2^4 - 1 = 15$ 通りである。それが 4 つのカッコすべてについて同時に成り立つというのであるから $15^4 = 50,625$ 個のモデルがあることがわかる。その中には(b3) ∃y∀xRxy(図 7.4)のモデルが含まれる。したがって，次の推論は妥当である。

$$\exists y \forall x Rxy \models \forall x \exists y Rxy. \tag{7.5}$$

7.3.6 (b2) ∀y∃xRxy

(b2) ∀y∃xRxy は(a2) ∀x∃yRxy の個体変項が現れる順番が入れ替わったものであるので，分析の手順は同じである。つまり，次のようになる。この場合もカッコは外すことができないので，(a2) ∀x∃yRxy とは同値にならない。

$$
\begin{aligned}
&\mathcal{M} \Vdash \forall y \exists x Rxy \iff \\
&\quad (\mathcal{M} \Vdash Raa \text{ または } \mathcal{M} \Vdash Rba \text{ または } \mathcal{M} \Vdash Rca \text{ または } \mathcal{M} \Vdash Rda) \\
&\text{かつ } (\mathcal{M} \Vdash Rab \text{ または } \mathcal{M} \Vdash Rbb \text{ または } \mathcal{M} \Vdash Rcb \text{ または } \mathcal{M} \Vdash Rdb) \\
&\text{かつ } (\mathcal{M} \Vdash Rac \text{ または } \mathcal{M} \Vdash Rbc \text{ または } \mathcal{M} \Vdash Rcc \text{ または } \mathcal{M} \Vdash Rdc) \\
&\text{かつ } (\mathcal{M} \Vdash Rad \text{ または } \mathcal{M} \Vdash Rbd \text{ または } \mathcal{M} \Vdash Rcd \text{ または } \mathcal{M} \Vdash Rdd).
\end{aligned}
$$

これを真にするモデルの一例を図 7.6 に示す。すべてのノードがいずれかのリンクの到達点になっているが，必ずしもすべてのノードが出発点にはなっていないことがポイントである。(a から出発していない)

ここで，Rxy を「x が y を尊敬している」という意味だとすると，これは「みんなをそれぞれ誰か（自分自身であってもよい）が尊敬している」「みんながそれぞれ誰か（自分自身であってもよい）に尊敬されている」という事態を表すモデルであることがわかる。

これを真にするモデルの数については(a2) ∀x∃yRxy と同じく 50,625 個である。その中には(a3) ∃x∀yRxy(図 7.3) のモデルが含まれる。したがって，次の推論は妥当である。

$$\exists x \forall y Rxy \models \forall y \exists x Rxy. \tag{7.6}$$

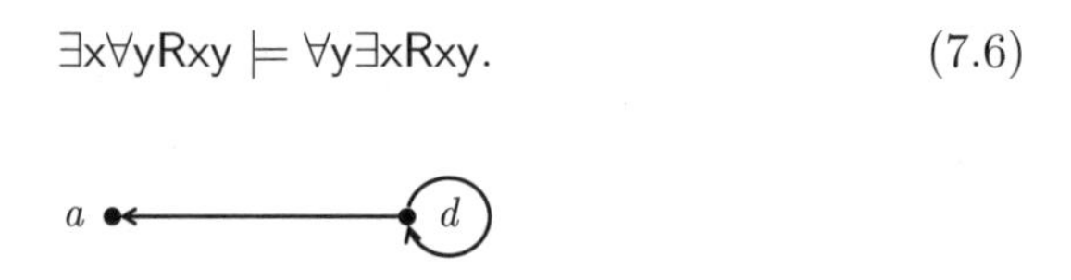

図 7.6　∀y∃xRxy が真であるようなモデルの一例

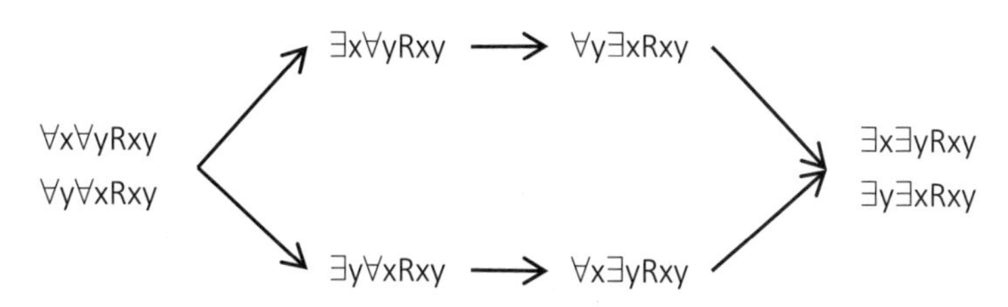

図7.7　二重量化命題における論理的に妥当な推論（“→” は “⊨” を示す）

ここで，8つのタイプの二重量化命題における妥当な推論を図7.7にまとめておく。ここでは U という小さな個体領域において議論したが，この推論が論理的に妥当であることは容易に推測がつくだろう。余力があれば，タブローを用いて個々の推論の妥当性を検証することをお勧めする。

7.4 冠頭標準形

∀w∃x∀y∃z(...) のようにすべての量化記号が式の左端に連続して並ぶ式を冠頭標準形とよぶ。あらゆる一階述語論理式はそれと論理的に同値な冠頭標準形に変換することができる。冠頭標準形にすることで，多重に量化された論理式の分析が単純になり，意味の解釈が容易になる。

式を冠頭標準形に変換する手順は以下の通りである。なお，以下の定義式において ϕ と ρ は自由変項 x を含む式を，ζ は自由変項 y を含む式を，ψ は自由変項 x を含まない式を表す。

1）　同じ個体変項名が複数の量化記号で束縛されているとき，個体変項名を付け替えて重なりがないようにする。たとえば，

$$\exists x\phi \wedge \exists x\rho \Longrightarrow \exists x\phi \wedge \exists y\rho^{x}_{y}.$$

ただし，以下の場合は付け替えるまでもなく，1つの量化記号にま

とめることができる。

$$\forall x\phi \wedge \forall x\rho \Longrightarrow \forall x(\phi \wedge \rho) \tag{7.7}$$

$$\exists x\phi \vee \exists x\rho \Longrightarrow \exists x(\phi \vee \rho). \tag{7.8}$$

なぜなら，式 (7.7)については，$U = \{u_1, u_2, \ldots, u_n\}$ とおいた場合，$\forall x\phi \wedge \forall x\rho$ が真であるようなモデル $\mathcal{M}$ は $i = 1, \ldots, n$ について $\phi^x_{k_i}$ がすべて真であり，かつ，$\rho^x_{k_i}$ もまたすべて真であるようなモデルただ1つである。つまり，

$$(\mathcal{M} \Vdash \phi^x_{k_1} \text{かつ} \ldots \text{かつ} \mathcal{M} \Vdash \phi^x_{k_n}) \text{かつ} (\mathcal{M} \Vdash \rho^x_{k_1} \text{かつ} \ldots \text{かつ} \mathcal{M} \Vdash \rho^x_{k_n}).$$

これは次のように書き換えられる。

$$(\mathcal{M} \Vdash \phi^x_{k_1} \text{かつ} \mathcal{M} \Vdash \rho^x_{k_1}) \text{かつ} \ldots \text{かつ} (\mathcal{M} \Vdash \phi^x_{k_n} \text{かつ} \mathcal{M} \Vdash \rho^x_{k_n})$$
$$\Longleftrightarrow \mathcal{M} \Vdash \forall x(\phi \wedge \rho).$$

同様に，式(7.8)については，$\exists x\phi \vee \exists x\rho$ が真であるようなモデル $\mathcal{M}$ は $i = 1, \ldots, n$ について $\phi^x_{k_i}$ の少なくとも1つ以上が真であるか，または，$\rho^x_{k_i}$ の少なくても1つ以上が真であるモデルである。すなわち，$\phi^x_{k_i}$ と $\rho^x_{k_i}$ がすべて偽である唯一のモデルを除いたすべてのモデルである。つまり，

$$(\mathcal{M} \Vdash \phi^x_{k_1} \text{または} \ldots \text{または} \mathcal{M} \Vdash \phi^x_{k_n})$$
$$\text{または} (\mathcal{M} \Vdash \rho^x_{k_1} \text{または} \ldots \text{または} \mathcal{M} \Vdash \rho^x_{k_n}).$$

これは次のように書き換えられる。

$$(\mathcal{M} \Vdash \phi^x_{k_1} \text{または} \mathcal{M} \Vdash \rho^x_{k_1}) \text{または} \ldots \text{または} (\mathcal{M} \Vdash \phi^x_{k_n} \text{または} \mathcal{M} \Vdash \rho^x_{k_n})$$
$$\Longleftrightarrow \mathcal{M} \Vdash \exists x(\phi \vee \rho).$$

2)　次の規則を用いて否定記号 $\neg$ を内側に移動する。

$$\neg\forall x\phi \Longrightarrow \exists x\neg\phi \tag{7.9}$$

$$\neg\exists x\phi \Longrightarrow \forall x\neg\phi. \tag{7.10}$$

3)　次の規則を用いて量化記号を外側に移動する。量化記号が多重に入れ子になっている場合には，最も内側の部分式から再帰的に適用する。

$$\exists x\phi \wedge \psi \Longrightarrow \exists x(\phi \wedge \psi) \tag{7.11}$$

$$\exists x\phi \vee \psi \Longrightarrow \exists x(\phi \vee \psi) \tag{7.12}$$

$$\forall x\phi \wedge \psi \Longrightarrow \forall x(\phi \wedge \psi) \tag{7.13}$$

$$\forall x\phi \vee \psi \Longrightarrow \forall x(\phi \vee \psi) \tag{7.14}$$

$$\forall x\phi \to \psi \Longrightarrow \exists x(\phi \to \psi) \tag{7.15}$$

$$\exists x\phi \to \psi \Longrightarrow \forall x(\phi \to \psi) \tag{7.16}$$

$$\psi \to \forall x\phi \Longrightarrow \forall x(\psi \to \phi) \tag{7.17}$$

$$\psi \to \exists x\phi \Longrightarrow \exists x(\psi \to \phi). \tag{7.18}$$

ここで，式(7.15)～（7.18）には説明が必要であろう。

$$\begin{aligned}
\forall x\phi \to \psi &\iff \neg\forall x\phi \vee \psi \\
&\iff \exists x\neg\phi \vee \psi \\
&\iff \exists x(\neg\phi \vee \psi) \\
&\iff \exists x(\phi \to \psi)
\end{aligned}$$

$$\begin{aligned}
\exists x\phi \to \psi &\iff \neg\exists x\phi \vee \psi \\
&\iff \forall x\neg\phi \vee \psi \\
&\iff \forall x(\neg\phi \vee \psi) \\
&\iff \forall x(\phi \to \psi)
\end{aligned}$$

$$\begin{aligned}
\psi \to \forall x\phi &\iff \neg\psi \vee \forall x\phi \\
&\iff \forall x(\neg\psi \vee \phi) \\
&\iff \forall x(\psi \to \phi)
\end{aligned}$$

$$\begin{aligned}
\psi \to \exists x\phi &\iff \neg\psi \vee \exists x\phi \\
&\iff \exists x(\neg\psi \vee \phi) \\
&\iff \exists x(\psi \to \phi).
\end{aligned}$$

加えて，次は特別なケースである。

$$\forall x\phi \wedge \forall y\zeta \Longrightarrow \forall x(\phi \wedge \zeta_x^y) \tag{7.19}$$

$$\exists x\phi \vee \exists y\zeta \Longrightarrow \exists x(\phi \vee \zeta_x^y). \tag{7.20}$$

この証明は，式(7.19)については式(7.7)と，式(7.20)については式(7.8)と同じである。

以下に冠頭標準形への変換例を示す。

例 7.1.

$$\begin{aligned}
\forall \mathsf{xPx} \vee \exists \mathsf{xSx} &\Longrightarrow \forall \mathsf{xPx} \vee \exists \mathsf{ySy} \\
&\Longrightarrow \forall \mathsf{x}\exists \mathsf{y}(\mathsf{Px} \vee \mathsf{Sy}) \text{ または } \exists \mathsf{y}\forall \mathsf{x}(\mathsf{Px} \vee \mathsf{Sy}).
\end{aligned}$$

ただし，Px と Syの並びは逆順でもよい。

例 7.2.

$$
\begin{aligned}
\neg\exists x Px \lor \forall x Sx &\Longrightarrow \neg\exists x Px \lor \forall y Sy \\
&\Longrightarrow \forall x \neg Px \lor \forall y Sy \\
&\Longrightarrow \forall x \forall y(\neg Px \lor Sy) \text{ または } \forall x \forall y(Sy \lor \neg Px) \\
&\qquad \text{または } \forall x \forall y(Px \to Sy).
\end{aligned}
$$

ただし，$\forall x$ と $\forall y$ の並びは逆順でもよい。

例 7.3.

$$
\begin{aligned}
\forall x(\neg\forall y(\neg Rxy \lor \doteq xy) \to Sx) &\Longrightarrow \forall x(\exists y(Rxy \land \neg \doteq xy)) \to Sx) \\
&\Longrightarrow \forall x \forall y((Rxy \land \neg \doteq xy) \to Sx).
\end{aligned}
$$

演習問題 7

1. 次の日本語の命題の意味を理解することに役立つ一階述語言語 $\mathcal{L}$ の命題を考えなさい。ただし，個体領域は人の集合，「x は y を愛する」を $\mathsf{R}xy$ とおく。

(1) 人はみな互いに愛し合い，自分自身も愛している。

(2) 誰からも愛されている人がいる。

(3) 人はみなそれぞれに愛している人がいる。

(4) みんなを愛している人がいる。

(5) 誰も愛さない人がいる。

(6) 誰からも愛されていない人がいる。

(7) 人はみな自分さえも愛していない。

2. 次の式を冠頭標準形に変形しなさい。

(1) $\exists \mathsf{xPx} \to \exists \mathsf{xSx}$

(2) $\forall \mathsf{x}(\forall \mathsf{yWxy} \to \mathsf{Px})$

(3) $\exists \mathsf{x}(\forall \mathsf{y}(\mathsf{Rxy} \to \exists \mathsf{zRyz})) \lor \neg\forall \mathsf{x}(\neg \mathsf{Px} \lor \neg \mathsf{Sx})$

(4) $\forall \mathsf{x}(\exists \mathsf{yWxy} \lor \exists \mathsf{zPz}) \land \forall \mathsf{z}(\exists \mathsf{yWzy} \to \mathsf{Cz})$

8 日本語から形式言語への翻訳

加藤　浩

《目標＆ポイント》 本章では日本語の命題を一階述語言語の命題に翻訳する方法を学ぶ。日本語の命題はその意味する内容を過不足なく表すモデル群を挙げ，そのモデル群のみにおいて真となる命題に翻訳する。その際に陥りやすい誤りや注意すべき点を解説する。

《キーワード》 翻訳，解釈，自然言語，集合，個体

一階述語言語 $\mathcal{L}$ の命題の意味は，その命題がどのようなモデル群において真になるかによって決まる。したがって，日本語の命題を一階述語言語の命題へ翻訳するということは，まず日本語の命題を読み解いて，それを真にするようなモデル群がどのようなものであり，どのような特徴をもっているかを明らかにして，その上で，そのモデル群において真になる命題とはどのようなものであるかを考え，それを一階述語言語で表現するということである。つまり，図 8.1 に示すように，モデルという概念が媒介役を果たしており，けっして日本語の命題になんらかの単純な「文字列変換規則」を機械的に適用して，直接に一階述語言語の命題に到達するというようなことではない。

定義 3.1 によってモデル $\mathcal{M}$ は個体領域 U と解釈 v によって定義されるが，一般には，命題が真であるモデルは 1 つだけとはかぎらない。しかし，全部列挙するのは一般的には不可能なので，ふつうは命題が真であるさまざまなモデルの中から，命題の特徴をよく表す少数のモデルを典型例として想定する。しかし，単一のモデルでは，命題ではとくに言

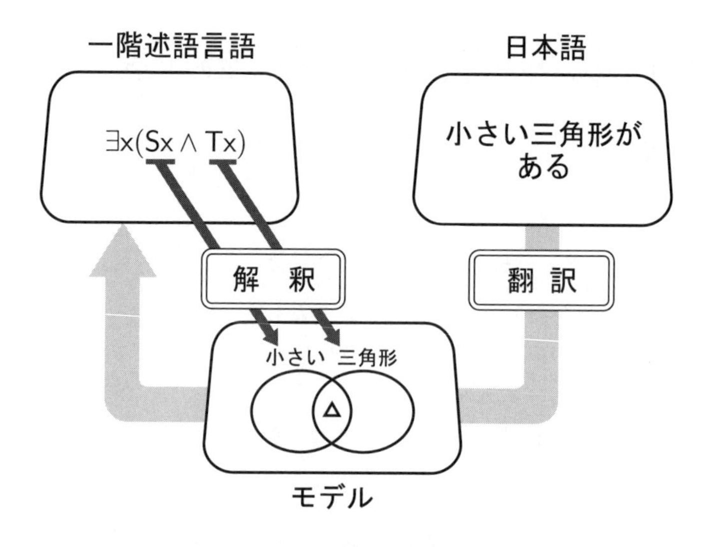

図 8.1　解釈と翻訳

及していない事態までも表現してしまう可能性があるので，モデルのポイント，すなわち，命題を真にするモデルに共通する特徴が何なのかを考える必要がある。

本章では日本語の命題を一階述語言語の命題に翻訳する際に陥りやすい誤りや注意点について述べる。

8.1 原子命題への翻訳

8.1.1 個体名への翻訳

$\mathcal{L}$ の個体名にあたるのは，日本語においては固有名詞である。よって，日本語の命題に現れた固有名詞は，多くの場合は個体名に翻訳される。たとえば,「ソクラテスは賢者である」という日本語の命題を考えるとき，ソクラテスは古代ギリシャの哲学者である，かのソクラテスという個体だと考えられる。その個体を u_a としたとき，「ソクラテス」の解釈はその個体であるので，一階述語言語においては，$v(\mathsf{a}) = u_a$ となるような a が「ソクラテス」を翻訳した個体名となる。これより，「x は賢者である」という日本語表現に対応する一階述語言語の述語記号を Cx としたとき，「ソクラテスは賢者である」という日本語の命題は Ca という一階述語言語の命題に翻訳できる。

しかし，固有名詞は常に個体名に翻訳できるとはかぎらない。ときには述語記号に翻訳するのが適切な場合もある。たとえば「太郎は現代のソクラテスだ」というときには，「ソクラテス」は特定の個体に割り当てられているのではなく，たとえばソクラテスと呼ぶにふさわしい卓越した思慮深さを備えた人物，あるいはまた恐妻家の哲学者を意味していると考えられる。このような場合には個体名ではなく述語記号へと翻訳するのが適切である。

日本語の命題の中の固有名詞がこの世界に存在する，あるいは存在した個体を一意に指示している場合には個体名に翻訳できるが，ときにはこの世に存在しない対象を指示していることもある。たとえば「桃太郎」は文法的には「ソクラテス」のような固有名詞と同じように使うことができるが，だからといって，同じように $\mathcal{L}$ の個体名へと翻訳することはできないかもしれない。$\mathcal{L}$ の個体名にはつねに，何らかの存在する個体が割り当てられなければならないからである。それならば，桃太郎を個体領域に含めてしまえばよいではないかと考えるかもしれないが，そうすると「桃太郎は存在しない」という命題が偽になってしまうのでそれほど単純な話ではない。

「桃太郎」のような指示対象をもたない固有名詞をどう扱うかという問題にはいろいろな考え方があるが，1 つの考え方は次のようなものである。まず，「桃太郎」という名詞は，「桃から生まれ，犬・猿・キジをお供に鬼ヶ島で鬼退治をした男」のような当の個体を特定する表現（確定記述）だと考える（この記述はもっと長くなるかもしれない）。すると，たとえば「桃太郎は存在しない」という文は，「桃から生まれ，犬・猿・キジをお供に鬼ヶ島で鬼退治をした男は存在しない」と言い換えられ，さらにこれは，「桃から生まれ，犬と猿とキジをお供にし，鬼ヶ島で鬼退治をし，男性であるような，ただ１つの[1]個体は存在しない」と言い換えられるだろう。これならば個体領域中に桃太郎が含まれていなくても扱える。

しかし，このアイデアにも問題がある。「桃太郎は昔話の主人公だ」は真であって然るべきであるが，これを「桃から生まれ，（中略）ただ１つの個体が存在し，それは昔話の主人公だ」と言い換えると，そのような個体が存在しないために偽となってしまう。指示対象をもたない表現（「桃太郎」はその中でもフィクションに登場する固有名詞という特殊な種類である）の取り扱いは，日本語を一階述語言語に翻訳する際の課題の１つである。

ところで，日本語のもとの命題はいわば主語と述語からなる形式の文だが，それを分析した結果の命題はそれとかけ離れた形式をしている。日本語から一階述語言語への翻訳は一般に単純な文字列変換では行えないと本章の冒頭で述べたが，この例はそれを示すものである。

8.1.2 述語記号への翻訳

$\mathcal{L}$ の１項述語記号に翻訳される日本語の表現は，「プードル」「本」などの普通名詞，「歩く」「笑う」などの自動詞，「赤い」「モフモフした」などの形容詞，「まじめだ」「静かだ」などの形容動詞などであると考えてよい。

また，２つ以上の項数をもつ述語記号にあたるのは「…は…の親（である）」「…は…と…のあいだ（にある）」「…は…より大きい」「…は…と同

1）「ただ１つ」を $\mathcal{L}$ に翻訳する方法は第９章で扱う。

じ」のような複数の個体間の関係を表す表現,「…は…を売る」「…は…に…を見せる」のような他動詞である。「…」が n 個あれば n 項述語記号になる。

とくに注意しておきたいことは,「ソクラテスがプラトンを叩いた」も「プラトンがソクラテスに叩かれた」も同一の事態を描写しているので,$\mathcal{L}$ に翻訳すると同一の命題になることである。「x が y を叩いた」を $\mathsf{W}xy$, ソクラテスとプラトンをそれぞれ a, c に対応させると,これらはともに Wac と翻訳される。同一の事態を異なる角度から描写するのは能動態/受動態だけとはかぎらない。他にも,「ソクラテスの弟子はプラトンである」と「プラトンの師匠はソクラテスである」も同一の事態の描写であるので,「x が y の師匠である」を $\mathsf{V}xy$ とすると,ともに Vac に翻訳される。このように「…の…は…だ」という,複合的な名詞句を主語とする命題は,多項述語記号を使って,文全体の構造を変えながら翻訳するとよいだろう。

8.2 量化命題への翻訳

8.2.1 存在量化命題への翻訳

$\mathcal{L}$ の存在量化記号 $\exists$ は,$\exists x A$ とした場合,A 中の x にその個体名を代入することで A を真にするような個体が存在することを表す。したがって,日本語では「…であるような…がいる／ある／存在する」のような存在を描写する命題が存在量化記号を用いて翻訳できる。たとえば,「プードルがいる」という日本語の命題は,個体領域の中にプードルという属性をもつ個体が少なくとも 1 つは存在するという事態を描写しているので,「x はプードル(である)」が $\mathsf{P}x$ に対応するとすると,もとの日本語の命題は $\exists \mathsf{x} \mathsf{Px}$ のように翻訳できる。

さらに,たとえば「黒いプードルが歩いている」という文は「プードルであって，黒くて，歩いている個体がいる」と言い換えることができ，「x は黒い」を Tx,「x は歩いている」を Hx とすれば，∃x(Px ∧ Tx ∧ Hx) と翻訳できる。

8.2.2 全称量化命題への翻訳

$\mathcal{L}$ の全称量化記号 ∀ は，$\forall xA$ とした場合，A 中の x にどの個体の個体名を代入してみても真であることを表す。したがって，「すべて…である」のように個体が共通にもつ性質や関係を描写する日本語の命題が全称量化記号を用いて翻訳できる。たとえば，「すべてプードルである」という命題は，∀xPx という命題に翻訳される。

∀xPx は個体領域がプードルの集合でない場合は偽である。しかし，ふつう私たちが描写したい事態は，個体領域全体に共通するような性質や関係ばかりではない。むしろ，個体領域の一部分に限って性質や関係を述べたいことの方が圧倒的に多いだろう。

たとえば「プードルはモフモフしている」を翻訳すると，「x はモフモフしている」を Mx とおいて ∀x(Px → Mx) となる。このとき，個体領域中にはプードル以外の個体が含まれていてもよい。なぜこのような翻訳が適当であるかということを，真偽を決める手順という観点から見てみよう。この一階述語言語の命題の真偽は，x に個体領域 U の全個体 u_i $(i = 1, \ldots, n)$ の個体名 k_i を 1 つずつ代入することによってチェックされる。そこで，もしもその個体 u_i がプードルではなかった(Pk_i が偽) ならば，もうそれだけで命題 $\mathsf{Pk}_i \to \mathsf{Mk}_i$ が真であるので，その個体がモフモフしているかどうか(Mk_i)には無関係にこの命題は真になる。モフモフしているかどうかをチェックする必要が生じるのは，その個体がプードルである場合(Pk_i が真の場合)だけである。このとき，個体領域にもともと 1 つもプードルが存在しなくても命題が真になることに注意しよう。

前項では「黒いプードルが歩いている」を翻訳したが，それと似た「黒いプードルはモフモフしている」を翻訳してみよう。前項とは異なり，この文の場合は，特定の個体についての描写ではなく，「黒いプードル」という個体領域の部分集合が共通にもつ性質についての描写だと考えられる。つまり，個体領域から「黒いプードル」を取り出して，その個体すべてが「モフモフしている」と考えればよい。それは $\forall x((Px \land Tx) \to Mx)$ という命題に翻訳できるだろう。

また，「みんなが風邪をひいている」は，素直に翻訳すれば「x が風邪をひいている」を Sx とすると，$\forall xSx$ となるが，常識的には個体領域中の個体すべてが風邪をひいている状況を描写しているとは考えにくい。おそらく「クラスの(みんな)」など，隠れた制約があるに違いない。こういう場合，文脈から隠れた制約を見つけ出して，仮言命題の前件に補足することが必要となる。

8.3 複合命題への翻訳

8.3.1 否定命題への翻訳

$\mathcal{L}$ の否定 $\neg$ はモデルにおける命題の真偽を反転させる。それに対応する日本語は「…でない」という表現であろう。

否定にかんして混乱を招くのは部分否定と全否定の違いを区別できないときである。たとえば，「すべてプードルではない」という文には二通りの解釈があり得る。1 つは「(すべてプードル) ではない」と解釈して，プードルがいてもいなくてもよい（ただし，プードルでない個体は必ずいなければならない）とする立場（部分否定）である。これは「すべてプードルである」の否定になるので，命題で表現すると $\neg\forall xPx$ となる。もう 1 つは「すべて（プードルではない)」と解釈して，プードルがまったくいないとする立場（全否定）である。これはすべての個体が「プードルではない」となるので，$\forall x \neg Px$ となる。どちらを意味しているかは前後の文脈から判断するほかない。

当然のことながら，これには元の日本語文の書き方がよくないのだという批判があるだろう。はじめから「すべてがプードルとはかぎらない」あるいは「プードルがまったくいない」などと書いておけば意味は明らかである。記号論理学を学んだ私たちとしては，日本語で文章を書く際には，このような多義的な文になっていないかどうかに十分に気を配りたい。

8.3.2 連言命題への翻訳

$\mathcal{L}$ の連言は，連言肢がともに真であるときに真である。こういう事態を描写する日本語の命題の典型は，複数の命題が「しかも」「かつ」「と同時に」「および」等で連結されている命題であろう。

なお，「そして」も複数の事態が同時に起こっていることを述べるのに用いられることがあるが，そのほかにも「1 つの生命が生まれ，そして死んでいく」という例文のように時間的な順序を表す場合がある。しかし，生まれていることと死ぬことは同時には成り立たないので，これを連言命題で表すためには工夫が必要である。

ただし，自然な日本語表現では上記のような接続詞が明示されていないことも多い。たとえば，「ポチは黒いプードルである」という文は，「ポチは黒い」という事態と「ポチはプードルである」という事態が同時に成り立っていることだと考えられる。したがって，ポチを b とすると $Pb \wedge Tb$ と翻訳できる。一般に，「天才ピアニスト」や「すっぱい梅干」のように普通名詞を別の単語が修飾しているときには，それぞれに対応する述語記号を連言記号で結んで表現できる。

例 8.1. 「ウィトゲンシュタインの兄はピアニストである」という日本語命題を $\mathcal{L}$ の命題で表現してみよう。この文の自然な解釈として，兄は一人とは限らないし，兄が全員ピアニストだということもなさそうだということを確認しておく。なお，ウィトゲンシュタインは e，「x はピアニストである」は Px，「x は男性である」は Mx，「x と y はきょうだいである」は Wxy，「x は y より先に生まれた」を Lxy に翻訳することにする。

まず，ウィトゲンシュタインの兄の個体名を k_1 とすると，k_1 はウィトゲンシュタイン e のきょうだいであるので Wk_1e と翻訳できる。また，兄ということから，k_1 は男性でもあるので Mk_1 と翻訳しよう。さらに，兄ということはウィトゲンシュタインよりも先に生まれているので Lk_1e。したがって，$Wk_1e \wedge Mk_1 \wedge Lk_1e$ とすれば，k_1 がウィトゲンシュタインの兄であることが表現できる。そして，その k_1 がピアニストであるというのだから，$Wk_1e \wedge Mk_1 \wedge Lk_1e \wedge Pk_1$ と翻訳できる。そのような k_1 が少なくとも一人は存在するというのであるから，k_1 に着目して存在量化命題をつくると $\exists x(Wxe \wedge Mx \wedge Lxe \wedge Px)$ という翻訳が得られる。

8.3.3 選言命題への翻訳

$\mathcal{L}$ の選言は，選言肢がすべて偽ではないときに真である。こういう事態を描写する日本語の命題の典型は，命題が「または」「か」「あるいは」「もしくは」で連結されている命題である。たとえば，Cx を「x はブドウである」，Sx を「x は甘い」，Tx を「x はすっぱい」の翻訳であるとしたとき，「ブドウは甘いかすっぱい」は $\forall x(Cx \rightarrow (Sx \vee Tx))$ で表される。

ここで注意が必要な点は，日本語において「または」は，じつは二通りの意味で使われているということである。「ブドウは甘いかすっぱい」という日本語の命題は，ブドウが甘ずっぱかったとき，真であろうか偽であろうか。1つの考え方は,「甘いかすっぱいかのどちらかだというのだから，甘ずっぱいのは『どちらか』には当てはまらない」というものである。それに対して「『どちらか』には『どちらか一方だけ』という意味までは含まれていない。文字通り，甘いかすっぱいかの少なくとも一方が満たされていれば真である」という考え方もあろう。

これらはどちらが正しいということはない。私たちは，文章の内容に照らし合わせて,「または」の意味を違ったように解釈している。たとえば「特賞はハワイ旅行，または，バリ島旅行」といわれたときには，私たちは賞品を2つともはもらえないことを承知しているし,「同意する旨を本人から口頭，または，書面で確認すること」といわれたときには，口頭と書面の両方で同意を得てもかまわないと考える。

前者の「どちらか一方だけが真である(両方ともに真であるわけではない)」という意味での「または」を**排他的選言**といい，後者の「少なくとも一方が真である(両方ともに真である場合は排除しない)」という意味での「または」を**(非排他的)選言**と呼ぶ。このように，日本語の「または」は曖昧である。それに対して，$\mathcal{L}$の選言記号$\vee$の意味は曖昧さなしに(非排他的)選言である。では，日本語の排他的選言を一階述語言語で表現するにはどうすればよいか。$\vee$とは別の，新しい結合記号が必要となるように思えるかもしれないが，かならずしもそうではない。

$$(\neg \mathsf{Sa} \wedge \mathsf{Ta}) \vee (\mathsf{Sa} \wedge \neg \mathsf{Ta})$$

という命題を考えてみよう。この命題がモデル$\mathcal{M}$において真となるのは，Sa と Ta のどちらか一方だけが$\mathcal{M}$において真になるときだけである。つまり，新しい記号を導入しなくても，$\mathcal{L}$の結合記号の組み合わせによって，排他的選言も翻訳できる。

8.3.4 仮言命題への翻訳

A と B が命題であるとき，$\mathcal{L}$ の仮言記号 → を含む $A \to B$ は，A が真であって B が偽のとき，偽となる。言い換えれば，A が真のとき B も真となるなら $A \to B$ 全体が真となる。こういう事態の描写に近い日本語文は条件や仮定を述べる命題である。たとえば，「であれば」「なら(ば)」「だったら」「のとき」「の場合」「の際」という表現を含む命題がそれに相当するだろう。

例として「プラトンは人間ならば死ぬ」を検討してみよう。この日本語の命題が描写していることは，プラトンは，彼がもしも人間であった場合には死ぬということである。それだけならば c をプラトン，Hx を「x は人間である」，Mx を「x は死ぬ」の翻訳であるとすると，Hc ∧ Mc でよさそうに思うかもしれないが，それだとプラトンが人間でなければならないことになる。「プラトンは人間ならば死ぬ」はプラトンが人間ではないときのことについては何も述べていないので，もしも人間でないなら死んでも死ななくてもかまわない。仮言記号 → はこういう場合に用い，先の日本語の命題を Hc → Mc と翻訳する。この命題が真であるためには，前件「プラトンが人間である」が真である場合には，後件「プラトンは死ぬ」も真でなければならないが，前件が偽である場合には後件の真偽は関係ない。

しかし，この例文をあらためて見直してみると，いささかの不自然さは否めない。プラトンが人間であることは，ふつうプラトンをもち出してきた時点でわかっているはずである。「プラトンが人間ならば」とわざわざ断る必要があるのはいったいどういう状況なのだろう。人間ではないプラトンがいるとでもいうのだろうか。これはプラトンをスターウォーズに登場するドロイド C-3PO に換えても同じことである。「C-3PO は人間ならば死ぬ」といわれても，C-3PO が人間でないことははじめからわかっており，断る必要もないことである。要するに，仮言命題の前件には何らかの不確定さがないと，「ならば」文には不自然さが伴う。そのため，真偽の定まっている原子命題を前件とする Hc → Mc のような，プリミティブな形の仮言命題が用いられることはあまりない。逆に多く見られるのは ∀x(Hx → Mx)，すなわち「人間ならばすべて死ぬ」のような形である。実際，「ならば」を含む自然な日本語の命題を一階述語言語に翻訳したとき，$\forall x(Ax \to Bx)$ のような形は仮言命題の定型パターンと言っても過言でないほどよく用いられる。

さらに，仮言記号 → は日本語の「ならば」といつも同じ意味とはかぎらないので注意が必要である。A と B が日本語の命題であるとき「A ならば B」といった場合には，A と B のあいだに何らかの関連性を想定するのが普通である。「風が吹けば桶屋が儲かる」という筆法にもあるように，関連性が一見ないように思えることでも，人は無理矢理にでもそこに関連性を見つけようとしがちである。しかし，一階述語言語における → は関連性の存在を含意していない。たとえば，「ソクラテス(a)が黒い(T)ならば，プラトン(c)はピアニスト(P)である」という日本語としては支離滅裂に思えるような命題であっても，それを $\mathcal{L}$ に翻訳した命題 Ta → Pc はとくに問題がある命題ではない。

また，日本語の「ならば」にはいわゆる反実仮想「…でなかったとしたら」という意味での用法もある。しかし，仮言 → ではそのような意味は表現できない。たとえば，花子が「太郎が学生でなかったら，結婚するのに…」と発言した場合を考えてみよう。太郎を a, 花子を b,「x が学生である」を Sx，「x が y と結婚する」を Lxy としたとき，¬Sa → Lba と翻訳してよいだろうか。

もとの文は「太郎が学生であるから結婚しない」ことを含意しているのであるから，太郎が学生であって，しかも花子と結婚するという事態はあってはならない。ところが $\neg Sa \to Lba$ は，太郎が学生である場合には前件が偽となるため，後件が何であっても真である。すなわち，太郎が学生で花子と結婚した場合でも真であることになり，もとの日本語の意味と相違ができてしまう。

ほかにも日本語の「ならば」には次のようなまた別の用法がある。たとえば校門で守衛がセキュリティチェックのために太郎に向かって「学生ならば学生証を持っているよね」という発言をした場合を考えてみよう。これを素直に式に翻訳すれば，「x が学生証を持っている」を Hx としたとき，$\forall x(Sx \to Hx)$ となる。これでよいだろうか。

発言の状況を考慮すると，この発言の真意は「学生ならば学生証を持っている」し「学生でないならば学生証は持っていない」，だから，学生証を頼りに学生か否かを識別できるということである。したがって，「学生なのに学生証を持っていない」ことや「学生でないのに学生証を持っている」ことがあってはならない。しかし，先の $\forall x(Sx \to Hx)$ では「学生でないのに学生証を持っている」場合もあってよいことになってしまう。ここは「学生でないならば学生証は持っていない」とならねばならないので，ここでもまた相違が生じている。

守衛の発言の意味するところは，Sa が真ならば Ha も真であり，Sa が偽ならば Ha も偽ということ，すなわち，Sa と Ha の真偽が一致するということである。このような意味での「ならば」を**双条件**と呼ぶ。双条件についても先ほどの排他的選言の場合と同様，仮言とは別の新しい結合記号が必要になるわけではない。実際，次の命題

$$(Sa \to Ha) \land (Ha \to Sa)$$

について考えてみよう。この命題がモデル $\mathcal{M}$ で真になるのは，$\mathcal{M}$ における Sa と Ha の真偽が一致する場合にかぎるということが確かめられる。

日常会話的には「…ならば」で済まされることも少なくない双条件を，曖昧さなく日本語で表現するならば「…ならば…でありその逆も成り立つ」，「…であるとき，そしてそのときにかぎり…である」などと言い換えることができる。しかし，通常の日本語文ではその区別が曖昧に用いられることも多いので，「ならば」が仮言と双条件のどちらを意味しているのかは，文脈から注意深く判断しなければならない。

演習問題 8

1. 次の日本語の命題を一階述語論理の言語 $\mathcal{L}$ の命題に翻訳しなさい。

(1) ある三角形よりも大きい五角形がある。

(2) すべての三角形にはそれよりも大きい五角形がある。

(3) すべての三角形よりも大きい五角形がある。

(4) すべての五角形はどの三角形よりも大きい。

(5) すべての五角形はある特定の三角形よりも大きい。

2. 次の日本語の命題を一階述語論理の言語 $\mathcal{L}$ の命題に翻訳しなさい。ただし，個体領域は人の集合，太郎を a,「x は y を尊敬する」を Rxy とおく。

(1) 人は皆，自分のことを尊敬してくれる人を尊敬する。

(2) 皆から尊敬されるような人は，皆を尊敬しているものだ。

(3) 太郎が尊敬している人のうちには，自分自身を尊敬していない人がいる。

(4) 太郎を尊敬している人は皆，自分自身を尊敬していない。

(5) 太郎を尊敬している人の中には，誰からも(自分からも）尊敬されていない人がいる。

(6) 太郎を尊敬している人の中には，太郎から尊敬されている人はまったくいない。

(7) すべての人から尊敬されている人は，太郎を尊敬していない。

(8) 太郎が尊敬している人全員を尊敬している人は，太郎に尊敬されていない。

(9) 太郎が尊敬している人全員を尊敬している人の中には，太郎も尊敬している人がいる。

3. 次の日本語の命題を一階述語言語の命題に翻訳しなさい。なお，太郎は男性で，個体名 a に翻訳し，使ってよい述語記号は以下の 5 つだけとする。解答にあたっては図 8.2 を参考にしなさい。

1） Rxy x は y の親である。

2） Vxy x は y の配偶者である。

3） Lxy x は y と同じか，または，より早く生まれている。

4） Mx x は男性である。

5） Hx x は女性である。

(1) 太郎には義父がいて，その人は父より年上か同い年だ。

(2) 太郎には子どもがいて，みな男性である。

(3) 太郎には妹がいる。

(4) 太郎にはきょうだいがいる。(「きょうだい」は兄弟姉妹を表す)

(5) 太郎には父方のおじがいる。

(6) 太郎にいとこ(義理のいとこは含めない)がいるとすれば，それはみな女性である。

(7) 太郎は長男である。

(8) 太郎には姪がいない。

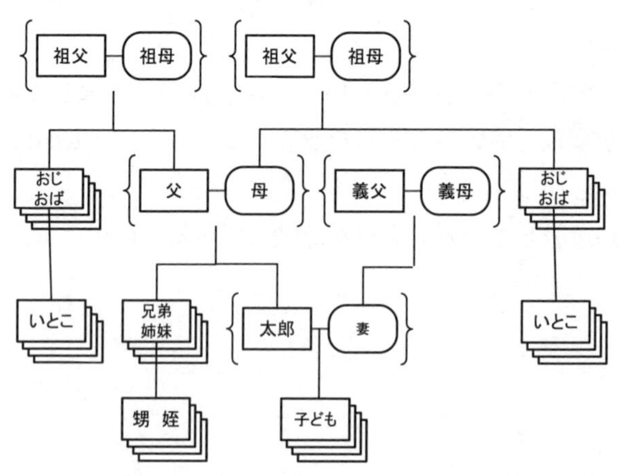

図 8.2 太郎を中心とする親族関係図

9 個数を表す命題

加藤　浩

《目標＆ポイント》一階述語論理の言語 $\mathcal{L}$ には数字を一切用いないで個体の数について述べる表現力がある。本章では「少なくとも 2 個ある」「ちょうど 3 個ある」「多くとも 4 個しかない」など個数を表す命題について学ぶ。

《キーワード》全称量化，存在量化，同一性，翻訳

ここまで「すべて」とか「存在する」という意味の量化命題は扱ってきたが，「ちょうど 1 個」とか「2 個以上」というような個数について表現する命題は扱ってこなかった。一階述語論理の言語には，個数を表す命題を記述できる能力があるのであろうか。読者の中には，「x がちょうど 1 個ある」とか「x が 2 個以上ある」などの述語を導入すればよいと思いついた方もいるかもしれない。仮に言語 $\mathcal{L}(U)$ で「x がちょうど 1 個ある」を Px で表すことにしたとき，どのような命題が表現可能か考えてみよう。Pa は文法的に正しい式である。これの意味するところは「a はちょうど 1 個ある」となる。しかし，もともと個体名 a は個体名の解釈の定義（3.2.2）によって，1 個の個体に割り当てることになっているので，個体名がなんであれ恒(つね)に真であり，意味のない命題となる。私たちが記述したいのは，そのような命題ではなく，「三角形が 1 個ある」というような命題であるが，PT は言語 $\mathcal{L}(U)$ では文法違反である。このように数を表す述語を導入するというアイデアはうまくいかないが，じつは工夫をすれば，数字を一切用いることなく「少なくとも 2 個ある」「ちょうど 3 個ある」「多くとも 4 個しかない」など個数を表す命題を記述する

ことができる。本章ではどのようにすれば，言語 $\mathcal{L}(U)$ の道具立てだけで，数量的表現を行えるかを解説する。

9.1 「少なくとも n 個ある」という命題

ここでは「少なくとも n 個ある」という命題がどのようにすれば表現可能かを考えてみよう。

9.1.1 少なくとも 1 個ある

最も単純な場合として，格子モデルで「五角形が少なくとも 1 個ある」を表現する方法を考えよう。定義 3.4 の 7) によると，$\mathcal{M} \Vdash \exists x A$ とは，

$$\mathcal{M} \Vdash A^{x}_{\mathsf{k}_u} \text{ を満たす } U \text{ の要素 } u \text{ が存在する}$$

ということである。このとき，「存在する」のは，1 つの個体とは限っていない。個体領域中に $A^{x}_{\mathsf{k}_i}$ が真になるような u_i がいくつ存在してもかまわない。つまり，この定義中の「存在する」は「少なくとも 1 個ある」と同じ意味である。よって「五角形が少なくとも 1 個ある」は「五角形が存在する」と言い替えて，存在量化命題 $\exists \mathsf{x} A \mathsf{x}$ の中の式 Ax を「x が五角形である」を意味する原子式 $\mathsf{P}x$ とすればよい。すなわち，

$$\exists \mathsf{x} \mathsf{P} \mathsf{x}$$

と翻訳できる。

むしろ難しいのは，図形が何であるかということは問わずに，ただ単純に「図形が少なくとも 1 個ある」と言いたいときである。$\exists \mathsf{x}$ だけでは，言語 $\mathcal{L}(U)$ の文法違反となってしまうので，それに続く式を記述する必要がある。それはどのような式でなければならないだろうか。まず，代入ができるようにするために個体変項 x を含んでいなければならない。一

方，図形には大きさや形にとくに制限はないので，どの個体名が代入されようとも真になる必要がある。この 2 つの条件を満たす式は $Q\mathsf{x} \vee \neg Q\mathsf{x}$, $Q\mathsf{x} \to Q\mathsf{x}$, $\doteq\mathsf{xx}$ など（ただし，Q は 1 項述語記号のいずれか）があり，どれを選んでもよい。したがって，たとえば次のように表すことができる。

$$\exists\mathsf{x}(\mathsf{Sx} \vee \neg\mathsf{Sx}).$$

もっとも，個体領域の定義（3.2.1）に立ち戻ると，個体領域 U は空集合ではないとされているため，この命題はあらゆるモデルで真であり，じつはもともと意味のない命題なのである。

9.1.2 少なくとも 2 個ある

前節で「五角形が少なくとも 1 個ある」が $\exists\mathsf{xPx}$ と翻訳できることを学んだ。では,「五角形が少なくとも 2 個ある」はそれを拡張して $\exists\mathsf{x}\exists\mathsf{y}(\mathsf{Px} \wedge \mathsf{Py})$ でよいだろうか。残念ながら，この命題は図 9.1 左の $\mathcal{M}_7$ のような図形が 1 個だけのモデルでも，真となってしまう。なぜなら x と y の両方に同一個体である u_1 の個体名 k_1 が割り当て可能であるからである。それ

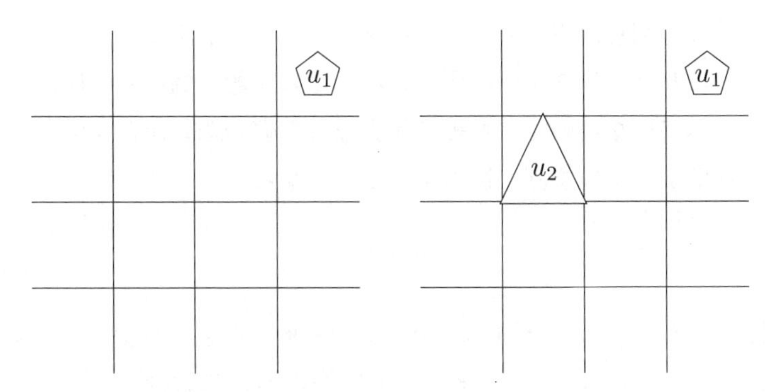

図 9.1　格子モデル $\mathcal{M}_7$（左）と $\mathcal{M}_8$（右）

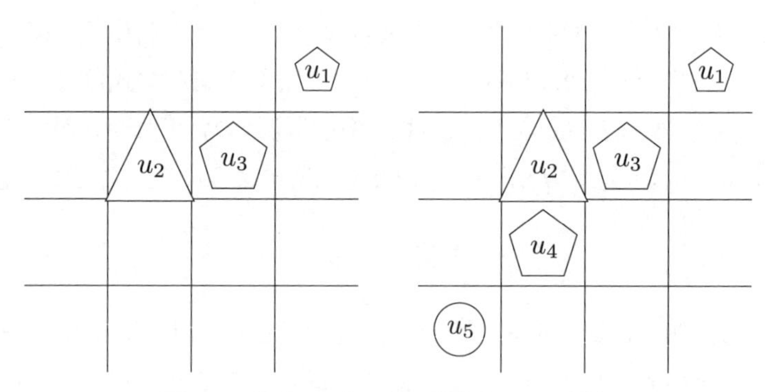

図 9.2　格子モデル $\mathcal{M}_9$ (左) と $\mathcal{M}_{10}$ (右)

を回避するためは，x とは異なる個体の個体名が y に割り当て可能であることを条件に入れなければならない。逆に，相異なる（同一でない）個体が存在しさえすれば，それは 2 個以上の図形が存在することを意味する。したがって「五角形が少なくとも 2 個ある」は

$$\exists x \exists y (Px \wedge Py \wedge \neq xy) \tag{9.1}$$

で表される。なお，$\neq$ は $\neg \doteq$ の略記である。

ついでに「図形が少なくとも 2 個ある」がどう翻訳できるかを考えてみよう。これは意味を持つ命題である。この命題は個体の属性については何も述べていないので，単純に相異なる 2 個の個体が存在することを記述すればよい。つまり，次の式のようになる。

$$\exists x \exists y (\neq xy). \tag{9.2}$$

実際，$\mathcal{M}_7 \nVdash \neq k_1 k_1$，そして，$\mathcal{M}_8 \Vdash \neq k_1 k_2$，$\mathcal{M}_8 \Vdash \neq k_2 k_1$ である。ゆえに，モデル $\mathcal{M}_8$ において $\exists x \exists y \neq xy$ が真であることがわかる。

9.1.3 少なくとも 3 個ある

前項の考え方を敷衍(ふえん)すれば「図形が少なくとも 3 個ある」については，相異なる 3 個の個体が存在することを言えばよいことがわかるだろう。これは $\exists x \exists y \exists z(\neq xy \land \neq yz)$ でよいだろうか。

残念ながら，これでは x と y が異なる個体で，x と z に同一個体の個体名が割り当てられた場合でも真になってしまうので，図 9.1 右の $\mathcal{M}_8$ のように図形が 2 個のモデルでも真になってしまう。これを防ぐために，次のように個体変項すべての組み合わせについて同一個体ではないと言う必要がある。

$$\exists x \exists y \exists z(\neq xy \land \neq yz \land \neq zx). \tag{9.3}$$

「五角形は少なくとも 3 個ある」について検討しよう。これが真であるためには，個体領域中に $Pk_1 \land Pk_2 \land Pk_3$ が真であるような，3 個の相異なる個体 u_1, u_2, u_3 が存在しなければならない。そのような個体の集合 $\{u_1, u_2, u_3\}$ が，少なくとも 1 個は存在しなければならないので k_1, k_2, k_3 に着目して存在量化命題を作ると，

$$\exists x \exists y \exists z(Px \land Py \land Pz \land \neq xy \land \neq xz \land \neq yz) \tag{9.4}$$

と翻訳できる。$\mathcal{M}_{10}$（図 9.2 右）でこれが真になることは確認できる。

9.1.4 少なくとも n 個ある

ここまで理解すれば，n 個への一般化は容易であろう。

「図形が少なくとも n 個ある」は「n 個の相異なる個体が存在する」と言い替えられるので，

$$\exists x_1 \exists x_2 \cdots \exists x_{n-1} \exists x_n(\neq x_1x_2 \land \neq x_1x_3 \land \cdots \land \neq x_{n-2}x_{n-1} \land \neq x_{n-2}x_n \land \neq x_{n-1}x_n) \tag{9.5}$$

と記述できる。括弧の中には個体変項の組み合わせが $_n\mathrm{C}_2$ 個だけ並ぶ。同様に,「五角形が少なくとも n 個ある」は,その相異なる n 個がすべて五角形であるという条件を加えればよいので,次のようになる。

$$\exists \mathsf{x}_1 \exists \mathsf{x}_2 \cdots \exists \mathsf{x}_{n-1} \exists \mathsf{x}_n (\mathsf{P}\mathsf{x}_1 \wedge \mathsf{P}\mathsf{x}_2 \wedge \cdots \wedge \mathsf{P}\mathsf{x}_{n-1} \wedge \mathsf{P}\mathsf{x}_n \wedge \dot{\neq}\mathsf{x}_1\mathsf{x}_2 \wedge \dot{\neq}\mathsf{x}_1\mathsf{x}_3 \wedge \cdots \wedge \dot{\neq}\mathsf{x}_{n-2}\mathsf{x}_{n-1} \wedge \dot{\neq}\mathsf{x}_{n-2}\mathsf{x}_n \wedge \dot{\neq}\mathsf{x}_{n-1}\mathsf{x}_n). \quad (9.6)$$

9.2 「多くとも n 個しかない」という命題

次に「図形が多くとも(たかだか)n 個しかない」という命題を考えてみよう。多くとも n 個しかないというのだから,個体領域中の個体数は,$1, 2, \ldots, n$[1] のいずれかである。逆に言えば,$n+1, n+2, \ldots$ ではないということでもある。すなわち,「少なくとも $n+1$ 個ある」の否定が「多くとも n 個しかない」になる。「少なくとも n 個ある」は式 (9.5) によって表現できることがわかっているので,それを $n+1$ まで拡張して,その否定を取ると次のようになる。

$$\neg \exists \mathsf{x}_1 \exists \mathsf{x}_2 \cdots \exists \mathsf{x}_n \exists \mathsf{x}_{n+1} (\dot{\neq}\mathsf{x}_1\mathsf{x}_2 \wedge \dot{\neq}\mathsf{x}_1\mathsf{x}_3 \wedge \cdots \wedge \dot{\neq}\mathsf{x}_{n-1}\mathsf{x}_n \wedge \dot{\neq}\mathsf{x}_{n-1}\mathsf{x}_{n+1} \wedge \dot{\neq}\mathsf{x}_n\mathsf{x}_{n+1})$$

もちろん,これでもよいのであるが,否定記号を内側に入れると次の式に同値変形できる。

$$\Longleftrightarrow \forall \mathsf{x}_1 \forall \mathsf{x}_2 \cdots \forall \mathsf{x}_n \forall \mathsf{x}_{n+1} (\doteq \mathsf{x}_1\mathsf{x}_2 \vee \doteq \mathsf{x}_1\mathsf{x}_3 \vee \cdots \vee \doteq \mathsf{x}_{n-1}\mathsf{x}_n \vee \doteq \mathsf{x}_{n-1}\mathsf{x}_{n+1} \vee \doteq \mathsf{x}_n\mathsf{x}_{n+1}). \quad (9.7)$$

この式は,個体領域中から $n+1$ 個の個体を選び出すとき,どのように選んでも必ず 1 組以上は同一個体になってしまう,つまり,$n+1$ 個の相

1) 個体領域の定義(3.2.1)により個体領域 U は空集合ではない。

異なる個体は選べないという事態を表現しており，この式は個体が多くとも（たかだか）n 個しかないモデル群で真になる。

同様な方法で「五角形が多くとも n 個しかない」という命題は式 (9.6) を $n+1$ まで拡張した式の否定となる。

$$\neg\exists x_1 \exists x_2 \cdots \exists x_n \exists x_{n+1} (Px_1 \land Px_2 \land \cdots \land Px_n \land Px_{n+1} \\ \land \dot{\neq} x_1 x_2 \land \dot{\neq} x_1 x_3 \land \cdots \land \dot{\neq} x_{n-1} x_n \land \dot{\neq} x_{n-1} x_{n+1} \land \dot{\neq} x_n x_{n+1}).$$

これもまた否定記号を内側に移すのだが，全項に適用せず一部をまとめると

$$\Longleftrightarrow \forall x_1 \forall x_2 \cdots \forall x_n \forall x_{n+1} (\neg(Px_1 \land Px_2 \land \cdots \land Px_n \land Px_{n+1}) \\ \lor (\doteq x_1 x_2 \lor \doteq x_1 x_3 \lor \cdots \lor \doteq x_{n-1} x_n \lor \doteq x_{n-1} x_{n+1} \lor \doteq x_n x_{n+1})).$$

$\neg A \lor B \cong A \to B$ であることを用いて同値変形すると，

$$\Longleftrightarrow \forall x_1 \forall x_2 \cdots \forall x_n \forall x_{n+1} ((Px_1 \land Px_2 \land \cdots \land Px_n \land Px_{n+1}) \\ \to (\doteq x_1 x_2 \lor \doteq x_1 x_3 \lor \cdots \lor \doteq x_{n-1} x_n \lor \doteq x_{n-1} x_{n+1} \lor \doteq x_n x_{n+1})) \quad (9.8)$$

となる。

これを解釈すると，個体領域中から $n+1$ 個の五角形を選び出すと，どう選んでも必ず 1 組以上は同一個体になっているという事態を表現しており，この式は五角形が多くとも（たかだか）n 個しかないモデル群で真になる。

9.3 「ちょうど n 個ある」という命題

9.3.1 ちょうど 1 個ある

続いて「図形がちょうど 1 個ある」という日本語の命題を考えてみよう。「図形がちょうど 1 個ある」が意味することは，個体領域 U 中の全

部の個体を調べてみても，1個の個体しか見つからないということである。個体領域 U は個体領域の定義(3.2.1)により空集合ではないので，1つもない場合は考えなくてもよい。全部の個体を調べることは全称量化で表現できそうである。しかし，1個の個体しか見つからないということを表現するにはどうすればよいだろうか。

1個の個体しか見つからないことは次のような手続きで調べることができる。まず，個体領域中から1つ個体を選び出し，その個体を u_1 とする。その上で，あらためて個体領域からすべての個体を1つずつ選び出す。もしも「個体がちょうど1個」しかないモデルであれば，u_1 以外の個体は選べないはずである。つまり $\forall \mathsf{y} \doteq \mathsf{k}_1\mathsf{y}$ が真にならねばならない。そのような k_1 が存在するというのであるから，k_1 に着目して存在量化命題を作ると次のような式を得る。

$$\exists \mathsf{x} \forall \mathsf{y} \doteq \mathsf{x}\mathsf{y}. \tag{9.9}$$

念のために図形が2個存在するモデルにおいてこの命題が偽となることを確かめておこう。図9.1右の $\mathcal{M}_8$ において，かりに $\mathcal{M}_8 \Vdash \exists \mathsf{x} \forall \mathsf{y} \doteq \mathsf{x}\mathsf{y}$ として，(7.1)と(7.2)を用いて分析すると

$$(\mathcal{M}_8 \Vdash \doteq \mathsf{k}_1\mathsf{k}_1 \text{かつ} \mathcal{M}_8 \Vdash \doteq \mathsf{k}_1\mathsf{k}_2) \text{ または } (\mathcal{M}_8 \Vdash \doteq \mathsf{k}_2\mathsf{k}_1 \text{かつ} \mathcal{M}_8 \Vdash \doteq \mathsf{k}_2\mathsf{k}_2)$$

しかし, u_1 と u_2 は相異なる個体であるので, 左の括弧中の $\mathcal{M}_8 \Vdash \doteq \mathsf{k}_1\mathsf{k}_2$ と右の括弧中の $\mathcal{M}_8 \Vdash \doteq \mathsf{k}_2\mathsf{k}_1$ が偽である。 したがって，$\mathcal{M}_8 \nVdash \exists \mathsf{x} \forall \mathsf{y} \doteq \mathsf{x}\mathsf{y}$ となる。

この考え方を応用して「五角形がちょうど1個ある」を翻訳してみよう。あるモデルから選び出した1つの五角形をかりに u_1 としよう。当然ながら，その個体は五角形なので $\mathsf{P}\mathsf{k}_1$ が真である。次に「五角形がちょうど1個ある」モデルであれば，個体領域中からすべての五角形を1つ

ずつ選び出してみても，選べるのは u_1 だけであり，それ以外にはないはずである。つまり $\forall y(Py \to \doteq k_1 y)$ もまた真でなければならない。したがって，この 2 個の命題が同時に真でなければならないので，それらを連言記号で結ぶと $Pk_1 \land \forall y(Py \to \doteq k_1 y)$ を得る。そのような個体 u_1 が存在するというのであるから，k_1 に着目して存在量化を行うと，次の式が得られる。

$$\exists x(Px \land \forall y(Py \to \doteq xy)). \tag{9.10}$$

つまり，「五角形がちょうど 1 個ある」は「五角形である個体が少なくとも 1 個存在し，その個体以外には五角形は存在しない」と言い替えて翻訳する。

9.3.2 ちょうど 2 個ある

続いて「図形がちょうど 2 個ある」の翻訳を検討しよう。9.1.2「図形が少なくとも 2 個ある」の考え方はここでも使える。それに「それら以外にはない」という条件を加えればよいだろう。

まず「図形が少なくとも 2 個ある」は「相異なる個体が存在する」，すなわち式(9.2) $\exists x\exists y(\not\doteq xy)$ と表現すればよいことはすでに学んだ。その相異なる個体を u_1, u_2 とおいたとき，あらためて個体領域からすべての個体を 1 つずつ選び出すと，いずれも u_1 か u_2 と同一個体になってしまうことを条件に加えれば，その 2 個以外は存在しないことが言える。つまり，次の式になる。

$$\exists x\exists y(\not\doteq xy \land \forall z(\doteq xz \lor \doteq yz)). \tag{9.11}$$

結局，「図形がちょうど 2 個ある」という命題は，「相異なる個体が少なくとも 2 個あり，しかも，すべての個体はその 2 個のどちらかと同一である」と言い替えることで式で表現できる。

続いて「五角形がちょうど2個ある」を検討する。これまでの議論に基づき，それは「相異なる五角形が少なくとも2個あり，しかも，すべての五角形はその2個の五角形のどちらかと同一である」と言い替えて翻訳する。前者には(9.1)が使えるだろう。後者については2個の相異なる五角形を u_1, u_2 とすると，$\forall \mathsf{z}(\mathsf{Pz} \to (\doteq \mathsf{k_1 z} \vee \doteq \mathsf{k_2 z}))$ となる。以上より「五角形はちょうど2個ある」は次の命題に翻訳できる。

$$\exists \mathsf{x} \exists \mathsf{y}(\mathsf{Px} \wedge \mathsf{Py} \wedge \not\doteq \mathsf{xy} \wedge \forall \mathsf{z}(\mathsf{Pz} \to (\doteq \mathsf{xz} \vee \doteq \mathsf{yz}))). \tag{9.12}$$

9.3.3 ちょうど3個ある

次に「図形がちょうど3個ある」はどうなるだろうか。(9.11)の議論を図形が3個の場合に敷衍（ふえん）すると，「相異なる図形が少なくとも3個あり，しかも，すべての図形はその3個のいずれかと同一である」ということを言えばよい。それは，

$$\exists \mathsf{x} \exists \mathsf{y} \exists \mathsf{z}(\not\doteq \mathsf{xy} \wedge \not\doteq \mathsf{xz} \wedge \not\doteq \mathsf{yz} \wedge \forall \mathsf{w}(\doteq \mathsf{xw} \vee \doteq \mathsf{yw} \vee \doteq \mathsf{zw})) \tag{9.13}$$

と翻訳できる。9.1.3でも述べたが，3個の個体が相異なることを保証するためには，3個の個体変項のすべての組み合わせについて同一ではないことを必要とすることに気をつけよう。

続いて「五角形がちょうど3個ある」を検討しよう。これには(9.12)のときの議論が参考になる。つまり，「相異なる五角形が少なくとも3個あり，しかも，すべての五角形はその3個のいずれかと同一である」と言えばよいので，次の式に翻訳される。

$$\exists \mathsf{x} \exists \mathsf{y} \exists \mathsf{z}(\mathsf{Px} \wedge \mathsf{Py} \wedge \mathsf{Pz} \wedge \not\doteq \mathsf{xy} \wedge \not\doteq \mathsf{xz} \wedge \not\doteq \mathsf{yz} \wedge \forall \mathsf{w}(\mathsf{Pw} \to (\doteq \mathsf{xw} \vee \doteq \mathsf{yw} \vee \doteq \mathsf{zw}))). \tag{9.14}$$

9.3.4 ちょうど n 個ある

最後に，ここまでの議論を n 個に一般化する。

「図形がちょうど n 個ある」は，「相異なる個体が少なくとも n 個あり，しかも，すべての個体はその n 個のいずれかと同一である」ということを言えばよい。それは，

$$\exists \mathsf{x}_1 \exists \mathsf{x}_2 \cdots \exists \mathsf{x}_n (\dot{\neq} \mathsf{x}_1\mathsf{x}_2 \land \dot{\neq} \mathsf{x}_1\mathsf{x}_3 \land \cdots \land \dot{\neq} \mathsf{x}_{n-2}\mathsf{x}_{n-1} \land \dot{\neq} \mathsf{x}_{n-1}\mathsf{x}_n \land \forall \mathsf{y}(\doteq \mathsf{x}_1\mathsf{y} \lor \doteq \mathsf{x}_2\mathsf{y} \lor \cdots \lor \doteq \mathsf{x}_n\mathsf{y})) \quad (9.15)$$

と表される。次に「五角形がちょうど n 個ある」は，「相異なる五角形が少なくとも n 個あり，しかも，すべての五角形はその n 個のいずれかと同一である」と言い替えて翻訳する。その結果は，次の通りである。

$$\exists \mathsf{x}_1 \exists \mathsf{x}_2 \cdots \exists \mathsf{x}_n (\mathsf{P}\mathsf{x}_1 \land \mathsf{P}\mathsf{x}_2 \land \cdots \land \mathsf{P}\mathsf{x}_n \land \dot{\neq} \mathsf{x}_1\mathsf{x}_2 \land \dot{\neq} \mathsf{x}_1\mathsf{x}_3 \land \cdots \land \dot{\neq} \mathsf{x}_{n-2}\mathsf{x}_{n-1} \land \dot{\neq} \mathsf{x}_{n-1}\mathsf{x}_n \land \forall \mathsf{y}(\mathsf{P}\mathsf{y} \rightarrow (\doteq \mathsf{x}_1\mathsf{y} \lor \doteq \mathsf{x}_2\mathsf{y} \lor \cdots \lor \doteq \mathsf{x}_n\mathsf{y}))). \quad (9.16)$$

9.4 数量を含んだ命題の翻訳

ここでは格子モデルを離れて，さらに複雑な数量表現の翻訳に挑戦してみよう。

例 9.1. 「太郎は 3 人兄弟の長男である」(太郎を含めて男 3 人だけの兄弟で，太郎が最年長である）を命題に翻訳しなさい。ただし，個体名 a が太郎を表し，ここで用いる述語記号は Rxy「x は y の親である」，Lxy「x は y と同じか，または，より早く生まれている」，Mx「x は男性である」だけとする。

「太郎は 3 人兄弟の長男である」は次の 4 つの命題の連言と考えられる。

1)　太郎には親がいる。

2)　太郎の親には太郎を含めてちょうど 3 人の子どもがいる。

3)　太郎の親の子どもはみんな男性である。

4)　太郎は太郎の親の子どもの中で一番早く生まれている。

まず「太郎には親がいる」を与えられた述語記号を用いて翻訳すると $\exists \mathsf{vRva}$ となる。この命題が真となるような個体には太郎の父親と母親の 2 人がいるが，どちらであっても子どもは共通と考えれば両者を区別する必要はない。

次に，(9.14)を参考に「太郎の親には太郎を含めてちょうど 3 人の子どもがいる」を一階述語言語で表現する。太郎の親の個体名を $\mathsf{k_1}$ とすると，これは(9.14)の Px を $\mathsf{Rk_1x}$ で置き換え，個体変項のいずれか 1 つ（ここでは z とする）を太郎の翻訳である個体名 a に置き換えることで次のように表現できる。

$$\exists\mathsf{x}\exists\mathsf{y}(\neq\mathsf{xy}\wedge\neq\mathsf{xa}\wedge\neq\mathsf{ya}\wedge\mathsf{Rk_1x}\wedge\mathsf{Rk_1y}\wedge\mathsf{Rk_1a}\wedge\forall\mathsf{w}(\mathsf{Rk_1w}\rightarrow(\doteq\mathsf{xw}\vee\doteq\mathsf{yw}\vee\doteq\mathsf{aw}))). \tag{9.17}$$

続いて「太郎の親の子どもはみんな男性である」は $\forall\mathsf{w}(\mathsf{Rk_1w} \rightarrow \mathsf{Mw})$ と翻訳することができる。さらに「太郎は太郎の親の子どもの中で一番早く生まれている」は $\forall\mathsf{w}(\mathsf{Rk_1w} \rightarrow \mathsf{Law})$ となる。これら 2 つの前件部は，同じ形をしており，しかも，上の(9.17)の中にも $\forall\mathsf{w}(\mathsf{Rk_1w} \rightarrow (\cdots))$ という部分があるので，後件部を連言記号で結ぶことにすると

$$\begin{aligned}&\exists\mathsf{x}\exists\mathsf{y}(\neq\mathsf{xy} \wedge \neq\mathsf{xa} \wedge \neq\mathsf{ya} \wedge \mathsf{Rk_1x} \wedge \mathsf{Rk_1y} \wedge \mathsf{Rk_1a}\\&\qquad \wedge \forall\mathsf{w}(\mathsf{Rk_1w} \rightarrow (\mathsf{Mw} \wedge \mathsf{Law} \wedge (\doteq\mathsf{xw} \vee \doteq\mathsf{yw} \vee \doteq\mathsf{aw}))))\end{aligned} \tag{9.18}$$

となる。

最後に，そのような太郎の親 k_1 が存在するので，k_1 に着目して存在量化命題を作ると，最終的に次のような命題になる。

$$\exists \mathsf{v} \exists \mathsf{x} \exists \mathsf{y}(\dot{\neq}\mathsf{xy} \land \dot{\neq}\mathsf{xa} \land \dot{\neq}\mathsf{ya} \land \mathsf{Rvx} \land \mathsf{Rvy} \land \mathsf{Rva} \\ \land \forall \mathsf{w}(\mathsf{Rvw} \to (\mathsf{Mw} \land \mathsf{Law} \land (\doteq\mathsf{xw} \lor \doteq\mathsf{yw} \lor \doteq\mathsf{aw})))). \quad (9.19)$$

この考え方を使えば，任意の個数 n 個の個体の存在にかんする命題が，数字を使わないで，言語 $\mathcal{L}(U)$ の道具立てのみで記述できることが理解できるだろう。章末にこれまでの結果をまとめた一覧表をつけておく。

このように一階述語言語は単純であるにもかかわらず，強力な表現力をもっている。しかし，一階述語言語だけでは，無限個数の存在については記述できないし，「より多い」「より少ない」などの数量の比較の記述や，加算のような基本的な演算もできない。数学を取り扱うのに言語 $\mathcal{L}(U)$ の道具立てだけでは不足しているのは明らかである。しかし，何を加えればよいのか，そもそも何かを加えたり変えたりすることで，形式言語で数学全般が記述できるのかどうかは，たいへん興味深い問題であるが本書の範囲を越えるので，興味のある方は数学基礎論を学んでみることをお勧めする。

表 9.1　P が少なくとも i 個ある

i	P が少なくとも i 個ある
1	$\exists \mathrm{xPx}$
2	$\exists \mathrm{x} \exists \mathrm{y}(\mathrm{Px} \wedge \mathrm{Py} \wedge \dot{\neq} \mathrm{xy})$
3	$\exists \mathrm{x} \exists \mathrm{y} \exists \mathrm{z}(\mathrm{Px} \wedge \mathrm{Py} \wedge \mathrm{Pz} \wedge \dot{\neq} \mathrm{xy} \wedge \dot{\neq} \mathrm{xz} \wedge \dot{\neq} \mathrm{yz})$
⋮	⋮
n	$\exists \mathrm{x_1} \exists \mathrm{x_2} \cdots \exists \mathrm{x_n}(\mathrm{Px_1} \wedge \mathrm{Px_2} \wedge \cdots \wedge \mathrm{Px_n} \wedge \dot{\neq} \mathrm{x_1x_2} \wedge \dot{\neq} \mathrm{x_1x_3} \wedge \cdots \wedge \dot{\neq} \mathrm{x_{n-2}x_n}$ $\wedge \dot{\neq} \mathrm{x_{n-1}x_n})$

表 9.2　P が多くとも i 個しかない

i	P が多くとも i 個しかない
1	$\forall \mathrm{x} \forall \mathrm{y}((\mathrm{Px} \wedge \mathrm{Py}) \rightarrow \doteq \mathrm{xy})$
2	$\forall \mathrm{x} \forall \mathrm{y} \forall \mathrm{z}((\mathrm{Px} \wedge \mathrm{Py} \wedge \mathrm{Pz}) \rightarrow (\doteq \mathrm{xy} \vee \doteq \mathrm{xz} \vee \doteq \mathrm{yz}))$
3	$\forall \mathrm{w} \forall \mathrm{x} \forall \mathrm{y} \forall \mathrm{z}((\mathrm{Pw} \wedge \mathrm{Px} \wedge \mathrm{Py} \wedge \mathrm{Pz}) \rightarrow (\doteq \mathrm{wx} \vee \doteq \mathrm{wy} \vee \doteq \mathrm{wz} \vee \doteq \mathrm{xy} \vee \doteq \mathrm{xz}$ $\vee \doteq \mathrm{yz}))$
⋮	⋮
n	$\forall \mathrm{x_1} \forall \mathrm{x_2} \cdots \forall \mathrm{x_n} \forall \mathrm{y}((\mathrm{Px_1} \wedge \mathrm{Px_2} \wedge \cdots \wedge \mathrm{Px_n} \wedge \mathrm{Py}) \rightarrow$ $(\doteq \mathrm{x_1x_2} \vee \doteq \mathrm{x_1x_3} \vee \cdots \vee \doteq \mathrm{x_1x_n} \vee \doteq \mathrm{x_1y} \vee \doteq \mathrm{x_2x_3} \vee \cdots \vee \doteq \mathrm{x_2x_n} \vee \doteq \mathrm{x_2y} \vee \cdots$ $\vee \doteq \mathrm{x_ny}))$

表 9.3　P がちょうど i 個ある

i	P がちょうど i 個ある
1	$\exists \mathrm{x}(\mathrm{Px} \wedge \forall \mathrm{y}(\mathrm{Py} \rightarrow \doteq \mathrm{xy}))$
2	$\exists \mathrm{x} \exists \mathrm{y}(\mathrm{Px} \wedge \mathrm{Py} \wedge \dot{\neq} \mathrm{xy} \wedge \forall \mathrm{z}(\mathrm{Pz} \rightarrow (\doteq \mathrm{xz} \vee \doteq \mathrm{yz})))$
3	$\exists \mathrm{x} \exists \mathrm{y} \exists \mathrm{z}(\mathrm{Px} \wedge \mathrm{Py} \wedge \mathrm{Pz} \wedge \dot{\neq} \mathrm{xy} \wedge \dot{\neq} \mathrm{xz} \wedge \dot{\neq} \mathrm{yz} \wedge \forall \mathrm{w}(\mathrm{Pw} \rightarrow (\doteq \mathrm{xw} \vee \doteq \mathrm{yw}$ $\vee \doteq \mathrm{zw})))$
⋮	⋮
n	$\exists \mathrm{x_1} \exists \mathrm{x_2} \cdots \exists \mathrm{x_n}(\mathrm{Px_1} \wedge \mathrm{Px_2} \wedge \cdots \wedge \mathrm{Px_n} \wedge \dot{\neq} \mathrm{x_1x_2} \wedge \dot{\neq} \mathrm{x_1x_3} \wedge \cdots \wedge \dot{\neq} \mathrm{x_{n-2}x_n}$ $\wedge \dot{\neq} \mathrm{x_{n-1}x_n} \wedge \forall \mathrm{y}(\mathrm{Py} \rightarrow (\doteq \mathrm{x_1y} \vee \doteq \mathrm{x_2y} \vee \cdots \vee \doteq \mathrm{x_ny})))$

演習問題 9

1. 次の日本語の命題を $\mathcal{L}$ の命題に翻訳しなさい。述語記号の意味については表 3.1 を参照しなさい。

(1) 大きい図形は多くとも 1 個だけである。

(2) 三角形がちょうど 1 個ある。

(3) 小さい円がちょうど 1 個ある。

(4) 中くらいの図形がちょうど 2 個ある。

(5) 中くらいの図形があるならば，それはちょうど 2 個である。

(6) 小さい図形が少なくとも 2 個ある。

(7) 中くらいの図形ではないものがちょうど 3 個ある。

(8) 五角形の右にちょうど 2 個図形がある。

(9) 左から 4 つめの図形が k_3 である。（ヒント：k_3 の左に図形が何個あればよいかを考える）

(10) 小さい図形のあいだに図形がちょうど 2 個ある。

10 日本語の推論の妥当性(1)

久木田水生

《目標&ポイント》 日本語で表現された推論を一階述語言語の命題による推論に翻訳して，その妥当性をタブローの方法によってチェックする。

《キーワード》 タブロー，日本語での推論，妥当な推論のパターン

これまで私たちは主に一階述語言語で表現された推論の妥当性を扱い，そしてタブローの方法によってそれを確かめることを学んだ。また第7章や第8章で練習したように日本語の表現のかなりの部分が一階述語言語に翻訳することができる。したがって日本語で表現された推論を一階述語言語に翻訳し，その妥当性をタブローの方法でチェックすることができる。たとえば私たちは放送大学が通信制大学であり，また放送大学が私立大学であるということから，通信制の私立大学が存在することを推論することができる。このとき前提は Sa および Ta，結論は $\exists x(Sx \wedge Tx)$ という形式言語の命題に翻訳することができる。そしてタブローによってこの推論が妥当であることを確かめることができる（図 10.1)。

本章では日常で用いられるさまざまな推論のパターンを取り上げ，その妥当性をタブローの方法によって確かめる練習をする。

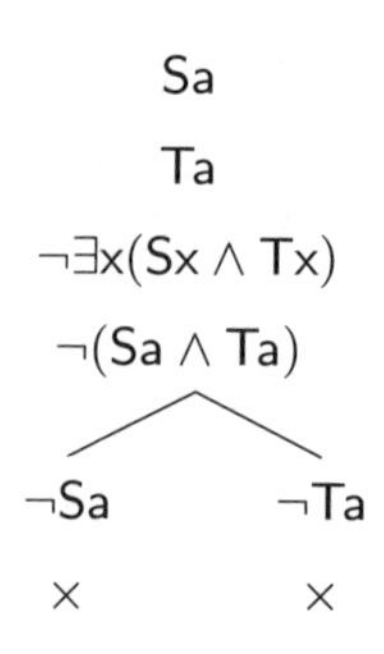

図 10.1　Sa, Ta $\vdash \exists x(Sx \wedge Tx)$ **を確かめるタブロー**

10.1 さまざまな推論のパターン

10.1.1 結合記号に関わる推論のパターン

以下ではよく使われる妥当な推論のパターンの例を挙げよう。以下では水平線の上に推論の前提，下に結論を書くことにする。

モーダスポネンス／前件肯定

これはたとえば次のような推論である。

(10.1)　いまが月曜日の午後 2 時ならば太郎は論理学の授業に出ている。
　　　　いまは月曜日の午後 2 時だ。
　　　　―――――――――――――――――――――――――――
　　　　太郎は論理学の授業に出ている。

これと同様の推論は他にもいろいろ考えることができる。たとえば

(10.2)　月にウサギがいるなら月には空気がある。
　　　　月にウサギがいる。
　　　　――――――――――――――――
　　　　月には空気がある。

である。これらに共通しているのは，1 つの仮言命題とその前件を前提として，その後件を結論としているということである。このような推論はすべて同じパターンをもっているように思われる。仮言命題の前件や後件にどのような命題が来てもそのパターンは変わらない。したがってこのパターンの推論を，一般的に，S1，S2 を命題とすれば

(10.3)　S1 ならば S2。
　　　　S1。
　　　　――――――
　　　　S2。

のように表すことにしよう。このようなパターンの表し方は，日本語と記号言語を意図的に混在させたものである。この「ならば」を，一階述語言語の“→”に置き換えれば一番目の命題は仮言命題となるが，この段階では，仮言命題ではない。

モーダストレンス／後件否定

これは次のような推論である。

(10.4)　ポールが無実ならばポールにはアリバイがある。
　　　　ポールにはアリバイがない。
　　　　――――――――――――――――
　　　　ポールは無実ではない。

つまり後件否定とは，仮言命題とその後件の否定を前提としてもち，その前件の否定を結論としてもつ推論である。

ディレンマ

2つの選択肢のどちらかが成り立つことがわかっており，その選択肢のそれぞれから同じ結論が導かれるときには，その結論のみを導くことができる。たとえば次の推論はディレンマの例である。

(10.5)　ジョンは大阪人か京都人かのどちらかだ。
ジョンが大阪人ならば関西人である。
ジョンが京都人ならば関西人である。
―――――――――――――――――――
ジョンは関西人である。

ディレンマという言葉の通常の用法では，2 つの選択肢があるが，そのどちらを選んでも望ましくない結果が生じる状況を表している。たとえば「ハリネズミのディレンマ」とは，相手と離れているとさびしいが，相手に近づくと互いに傷つけあってしまうという状況を指す。いまディレンマと名づけた推論には，望ましくない内容の結論という含みはなく，2 つの選択肢のどちらを選んでも同じ結論が導かれるという状況を指している。

対偶律

ある仮言命題について，その前件の否定を後件にもち，その後件の否定を前件にもつ仮言命題を，もとの仮言命題の**対偶**と呼ぶことにしよう。**対偶律**は，1 つの仮言命題を前提としてその対偶を結論とする推論のパターンである。たとえば

(10.6)　太郎が大学生ならば勉強好きである。
―――――――――――――――――――
太郎が勉強好きでないならば大学生ではない。

という推論は対偶律の例である。対偶律が成り立つとき，前提と結論を入れ換えた推論も成り立つ。すなわち

(10.7)　太郎が勉強好きでないならば大学生ではない。
　　　　―――――――――――――――――
　　　　太郎が大学生ならば勉強好きである。

も正しい。これも対偶律の一種と考えられる。

二重否定律

これはある命題の「二重否定」からもとの命題を推論するパターンである。たとえば

(10.8)　ジェーンがトムより年上でないということはない。
　　　　―――――――――――――――――
　　　　ジェーンはトムより年上だ。

という推論は二重否定律のパターンに従っている。

仮言三段論法

前提となる２つの仮言命題について，一方の後件が他方の前件と同じ命題であるとき，前者の前件を前件として後者の後件を後件とする仮言命題を結論とする妥当な推論を考えることができる。たとえば

(10.9)　気温が上がるならば冷房の利用が増える。
　　　　冷房の利用が増えるならば電力の消費が上がる。
　　　　―――――――――――――――――
　　　　気温が上がるならば電力の消費が上がる。

選言三段論法

選言命題とその選言肢の一方の否定を前提として他方の選言肢を結論とする推論である。たとえば

(10.10)　太郎は就職活動かアルバイトのどちらかに行っている。
　　　　太郎は就職活動には行っていない。
　　　　―――――――――――――――――
　　　　太郎はアルバイトに行っている。

爆発原理

次のような推論は奇妙に見えるがじつは妥当である。

(10.11)　$\sqrt{2}$ は無理数である。
　　　　―――――――――――――――――
　　　　$\sqrt{2}$ が無理数でないならば火星人が存在する。

次の推論もこの推論のバリエーションである。

(10.12)　$\sqrt{2}$ は無理数であり，かつ無理数でない。
　　　　―――――――――――――――――
　　　　火星人が存在する。

つまり矛盾する前提からは任意の命題を結論として導けるということである。この推論規則は**爆発原理**と呼ばれることがある。

三段論法

三段論法は古代ギリシャにおいて正しい推論として特定されていた推論のパターンで，三段論法の中にもいくつものパターンがある。最も典型的なのは次のような推論である。

(10.13)　犬は哺乳類だ。
　　　　チワワは犬だ。
　　　　―――――――――――――――――
　　　　チワワは哺乳類だ。

これは一般化すれば，ある対象の集まり（ここでは，犬）が別の対象の集まり（ここでは，哺乳類）に含まれているということ，およびさらに別の対象の集まり（ここでは，チワワ）が最初の集まりに含まれているということを前提して，三番目の集まりが二番目の集まりに含まれているということを結論とする推論である。このような推論は三段論法と呼ばれる。

三段論法において，最初の前提を**大前提**，2 番目の前提を**小前提**と呼ぶ。ただし，「三段」という表現は，3 行で書くことができる推論であるということを意味しない。

三段論法にはほかにもいくつかのパターンがある。たとえば次の 2 つの推論のパターンである。このほかにもいろいろなものがあるが，割愛する。

(10.14)　爬虫類はすべて毛がはえていない。
　　　　ヘビはすべて爬虫類である。
　　　　―――――――――――――
　　　　ヘビはすべて毛がはえていない。

(10.15)　すべてのウサギは毛がはえている。
　　　　動物の一部はウサギである。
　　　　―――――――――――――
　　　　動物の一部は毛がはえている。

ド・モルガンの法則

ド・モルガンの法則とは簡単に言うと連言の否定から否定の選言を導く推論である。たとえば次のような。

(10.16)
太郎が就職活動とアルバイトの両方に行ったということはない。
―――
太郎は就職活動に行かなかったか，アルバイトに行かなかったかのどちらかである。

選言と連言を入れ替えたパターンもある。たとえば次である。

(10.17)
太郎が猫好きか犬好きのどちらかということはない。
―――
太郎は猫好きではないし，かつ犬好きでもない

ド・モルガンの法則には，上のパターンを一般化して，全称の否定から否定の存在を導くパターン，存在の否定から否定の全称を導くパターンもある。たとえば

(10.18)
すべての学生が勤勉なわけではない。
―――
勤勉でない学生もいる。

(10.19)
勤勉でない学生はいない。
―――
すべての学生は勤勉だ。

というように。

これがド・モルガンの法則の一般化であるというのは，全称命題はある意味では連言であり，存在命題はある意味では選言であると考えられるからである。たとえば「ビートルズのメンバーはすべてリバプール出身だ」という全称命題は，「ジョンはリバプール出身であり，かつポールはリバプール出身であり，かつジョージはリバプール出身であり，かつリ

ンゴはリバプール出身である」という連言命題と等しい。また「ビートルズにはシタールが弾けるメンバーがいる」という存在命題は，「ジョンはシタールが弾ける，またはポールはシタールが弾ける，またはジョージはシタールが弾ける，またはリンゴはシタールが弾ける」という選言命題と等しい。

10.2 タブローによる妥当性のチェック

この節では上で紹介したパターンの推論のいくつかについて，その妥当性をタブローの方法によってチェックしてみよう。

タブローの方法によってチェックするということは，前提や結論となる日本語の命題を一階述語言語の命題に翻訳して，それらの一階述語言語の命題を前提および結論とする推論の妥当性をタブローの方法によってチェックするということである。

モーダスポネンス／前件肯定

「いま」という表現がaという個体名に翻訳され，「月曜日の午後2時」という表現がFという1項述語記号に翻訳されるとすると，「いまは月曜日の午後2時だ」という命題はFaという一階述語言語の命題に翻訳される。同様に，「太郎は論理学の授業に出ている」という文はGbに翻訳されるとしよう。そして，「いまが月曜日の午後2時ならば太郎は論理学の授業に出ている」という命題は，一階述語言語において→を使って$Fa \rightarrow Gb$という命題に翻訳することができるだろう。したがって(10.1)は

(10.20)
$$\begin{array}{l} \mathsf{Fa} \to \mathsf{Gb} \\ \mathsf{Fa} \\ \hline \mathsf{Gb} \end{array}$$

という推論として表現できる。この推論の妥当性は図 10.2 のタブローによって確かめられる。

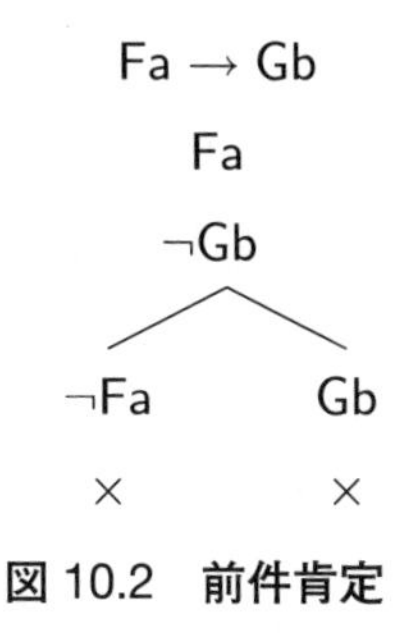

図 10.2　前件肯定

三段論法

第 8 章で学んだように，一般に日本語の名詞 N と M に対して「N は（すべて）M だ」という文は一階述語言語の 1 項述語記号 F，G を使って $\forall$x(Fx $\to$ Gx) と翻訳できる。また「N である M が存在する」という文は $\exists$x(Fx $\land$ Gx) と翻訳することができる。

したがって「x は犬だ」，「x は哺乳類だ」，「x はチワワだ」という表現をそれぞれ Fx，Gx，Jx に翻訳すれば，「犬は哺乳類だ」，「チワワは犬だ」，「チワワは哺乳類だ」という文はそれぞれ $\forall$x(Fx $\to$ Gx)，$\forall$x(Jx $\to$ Fx)，$\forall$x(Jx $\to$ Gx) という命題に翻訳することができる。したがって (10.13) の推論は

$$
\begin{array}{ll}
(10.21) & \forall x(Fx \to Gx) \\
 & \forall x(Jx \to Fx) \\
\hline
 & \forall x(Jx \to Gx)
\end{array}
$$

という一階述語言語における推論として翻訳できる。この推論をタブローでチェックすると図 10.3 のようになる。

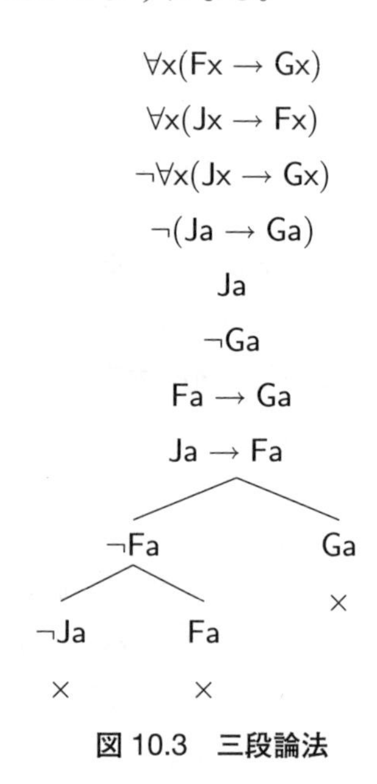

図 10.3　三段論法

モーダストレンス／後件否定

「ポールは無実だ」という命題を Fa,「ポールにはアリバイがある」という命題を Ga という記号で表すとする（つまり,「ポール」を a として翻訳し,「無実である」「アリバイがある」をそれぞれ F, G と翻訳して

いる)。このとき (10.4) は

(10.22)
$$\frac{\mathsf{Fa} \to \mathsf{Ga} \quad \neg\mathsf{Ga}}{\neg\mathsf{Fa}}$$

という推論として表すことができる。この推論の妥当性を確かめるタブローは図 10.4 である。

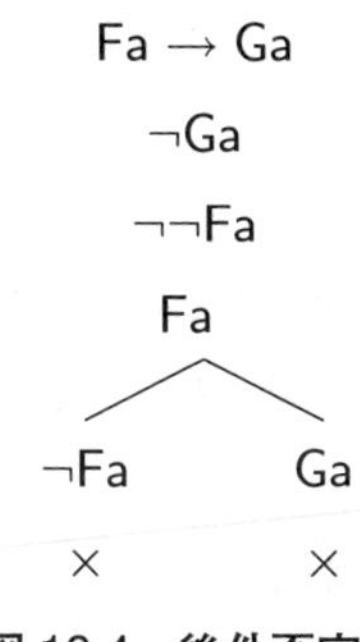

図 10.4　後件否定

演習問題 10

1. 以下の推論が妥当であるかどうかをタブローの方法によって確かめなさい。妥当でない場合には反例モデルをあげなさい。

(1) 努力せずに成功する人はいない。したがって誰でも努力をするか成功しないかのどちらかだ。

(2) ペーターはドイツ人かオランダ人のどちらかである。ペーターがドイツ人ならばドイツ語を話す。ペーターがオランダ人ならばオランダ語を話す。したがってペーターはドイツ語かオランダ語のどちらかを話す。

(3) 学生はすべて勤勉である。したがって勤勉であるような学生がいる。

(4) すべての哺乳類は胎生動物である。卵を産む胎生動物は存在しない。一方でカモノハシは卵を産む。よってカモノハシは哺乳類ではない。

(5) すべての自然数は偶数か奇数のどちらかである。1 は自然数であるが偶数ではない。したがって 1 は奇数である。

(6) すべての人を愛している人がいる。したがってすべての人は誰かから愛されている。

(7) どの自然数にもそれより大きな自然数が存在する。したがってどの自然数よりも大きな自然数が存在する。

11 日本語の推論の妥当性(2)

久木田水生

《目標&ポイント》 日本語の推論の妥当性をチェックするときに考慮しないといけない暗黙の前提について学ぶ。

《キーワード》 タブロー，暗黙の前提

前章に引き続き，日本語で表現された推論の妥当性をタブローの方法を使ってチェックする練習をする。とくに本章では推論の際に暗黙のうちに前提される命題を特定する練習をする。

11.1 暗黙の前提

普段私たちが議論をするとき，私たちはすべての前提を明示的に述べているわけではない。話し手と聞き手の双方にとってあらかじめ了解されている（一般常識，文脈から明らかなこと，言語使用に際しての慣習）と思われることについてはわざわざ言及しないのが普通である。たとえばある日本人が別の日本人に対して「君はまだ 18 歳なんだから煙草を吸ってはいけないよ」と言ったとしよう。この主張には

(11.1)　君は 18 歳である。
――――――――――――
君は煙草を吸ってはいけない。

という推論が使われている。しかしこれが妥当な推論でないことは明らかである。話し手は，20 歳未満の者は煙草を吸ってはいけないというこ

と，18 歳は 20 歳未満であることを前提している。したがってこの議論で使われている推論はじつのところは次のようなものである。

(11.2)　20 歳未満の人はすべて煙草を吸ってはいけない。
18 歳の人はすべて 20 歳未満である。
君は 18 歳である。

君は煙草を吸ってはいけない。

しかしこの聞き手が日本人ではなく，18 歳から喫煙が許されている国（さらに言えば喫煙に年齢制限のない国）の出身者であるならば，この議論には納得しないだろう。

このようにある議論において明示的に述べられずに前提されることを**暗黙の前提**あるいは**隠された前提**という。日常的な議論においてさまざまな暗黙の前提を使うこと，すなわち，前提をすべて述べないことは必要なことである。なぜならば，すべての前提を明示化することは議論を非常に煩雑にするからである。現実的にはすべての前提を明示化することは不可能な場合がほとんどだろう。しかし，自分が当たり前と思って受け入れていることが，相手にとっては当たり前ではないかもしれないということを意識することは有用である。というのも暗黙の前提が共有されていないとき，話し手と聞き手の間で論争が行えなくなる可能性，つまり，「すれ違う」可能性があるからである。一般に自分が（あるいは自分の属しているコミュニティーが）当然のこととして受け入れていることほど，暗黙の前提として使われていることに気づきにくいだろう。

たとえば，ある人が次のように議論したとしよう。

(11.3) 間接民主制をとるわが国において，選挙権の行使は国民が

> 自らの意思を国政に反映させるもっとも基本的な手段であり，選挙権を行使しないことは民主主義を否定することに等しい。だから君は選挙に行くべきだ。

一見もっともらしい議論であるが，しかしここには論理的に妥当でない推論が含まれている。なぜならば，ある重要な前提が明示的に述べられていないからである。

ここで中心的な役割を果たしている推論は次のようなものである。

(11.4)　選挙権を放棄することは民主主義を否定することである。
―――――――――――――――――――――――――
　　　　選挙権を放棄することは良くない。

もちろんこれは論理的に妥当な推論ではない。しかしこれに「民主主義を否定することは良くない」という前提を加えた

(11.5)　民主主義を否定することは良くない。
　　　　選挙権を放棄することは民主主義を否定することである。
―――――――――――――――――――――――――
　　　　選挙権を放棄することは良くない。

は妥当な推論である。ここで，「民主主義を否定すること」を F，「良くないこと」を G と翻訳することにして，「選挙権を行使しないこと」を a とすれば，この推論は以下のような一階述語言語における推論となる。

(11.6)　$\forall x(Fx \to Gx)$
　　　　Fa
―――――――――
　　　　Ga

これが妥当であることはタブローの方法によって容易に確かめることができる。

(11.3) の論証は「民主主義を否定することは良くない」という前提が受け入れられている人に対してのみ有効な論証であって，その前提を受け入れていない相手には有効ではない。そのような相手に対して，前提を明示化しないままでいると，議論がかみ合わないおそれがある。逆に暗黙の前提が明らかにされたとき，お互いの立場の違いが明瞭になり，相互の理解が深まるという可能性もある。

暗黙の前提を明らかにすることを徹底した態度の 1 つは，数学における**公理的方法**と呼ばれる考え方である。公理的方法の立場では，最初に一定の前提（公理）が明示化され，そこから論理的な推論を用いて演繹できる結論だけがその理論における正しい命題（定理）として受け入れられる。このようにして作られる理論体系を**公理系**と呼ぶ。この方法は，ユークリッドの幾何学においては顕著であったが，じつは数学における論証においても，19 世紀に至るまではさまざまな暗黙の前提が使われていた。そのために，正しい証明と間違った証明を厳密に区別することは公理的方法という考え方を自覚するまでは困難だった。そのような状況を改善しようとした数学者たちによって，数学においてどのようなことが前提されているのかをすべて明らかにする試みが行われ，その 1 つの結果として記号論理学が生まれたと言ってもよい。

11.2 暗黙の前提の形式的な特徴づけ

暗黙の前提には二種類のものがある。「君はまだ 18 歳なんだから煙草を吸ってはいけない」という議論においては，「煙草を吸ってはいけない」という結論を導くためには暗黙の前提を明示する必要があった。このような前提を**自明化する前提**と呼ぶことにする。それに対して，望ましくない結論を導出させないために使われている隠された前提もある。たとえば「アキレスほど足の速い人間はいない」と「アキレスは人間である」という前提からは「アキレスはアキレスほど足が速くない」という結論が導かれる。しかしこの結論は奇妙であり望ましくない。実際には「アキレスほど足の速い人間はアキレスのほかにはいない」ということが前提されているのに明示的に述べられていないのである。このような前提を**自明化を防ぐ前提**と呼ぶことにする。

一階述語言語を利用すると，**自明化する前提**を次のように定義することができる。命題 $A_1, \ldots, A_n$ を根拠として命題 B を結論とする議論が与えられているが，$A_1, \ldots, A_n$ を前提として B を結論とする推論が妥当でないとする。しかし，このとき前提に $A_{n+1}, \ldots, A_{n+m}$ を加えた $A_1, \ldots, A_n, A_{n+1}, \ldots, A_{n+m}$ を前提として B を結論とする推論が妥当な推論になっているならば，このとき $A_{n+1}, \ldots, A_{n+m}$ は自明化する前提である。たとえば「x は 18 歳である」，「x は 20 歳未満である」，「x は煙草を吸ってよい」ということをそれぞれ Fx，Gx，Jx に翻訳するとしよう。このとき Fa を前提として ¬Ja を結論とする推論は妥当ではないが，Fa, ∀x(Gx → ¬Jx), ∀x(Fx → Gx) を前提として ¬Ja を結論とする推論は妥当である（タブローで確認できる）。したがって ∀x(Gx → ¬Jx), ∀x(Fx → Gx) がこの議論の隠された前提である。

同様に**自明化を防ぐ前提**は次のように定義される。いま $\forall x(A \to B)$ を含む命題の集合 S を前提として C を結論とする推論が妥当であるとする。しかし $\forall x(A \to B)$ を $\forall x(A \land A' \to B)$ で置き換えた命題の集合 S' を前提とすると，結論として C を導くことができないならば，このとき A' は自明化を防ぐ前提である。たとえば「x は人間である」，「y は x と同じくらい足が速い」ということをそれぞれ Fx，Gxy，「アキレス」

を a と翻訳すると，「アキレスほど足の速い人間はいない」ということは $\forall x(Fx \to \neg Gax)$ という式で表すことができる。これと「アキレスが人間である」ということ（すなわち Fa）から $\neg Gaa$ が導かれることはタブローによって容易に確かめられる。一方で「アキレスほど足の速い人間はアキレス以外にはいない」ということは $\forall x(Fx \wedge \neq xa \to \neg Gax)$ という式に翻訳することができる。ここからは $\neg Gaa$ は導かれない。したがって $\neq xa$ が $\forall x(Fx \to \neg Gax)$ の暗黙の前提であるといえる。ただし，$\neq xa$ は命題ではないので，厳密な意味では「前提」と言ってはいけない。

例として次の議論を考えよう。「山田さんは太郎の父親である。また山田さんは次郎の父親でもある。したがって太郎と次郎はきょうだいである」。「x は y の父親である」を Fxy,「x と y はきょうだいである」を Gxy によって翻訳する。この議論においては，Fab と Fac を前提として Gbc が結論として推論されている。タブローの方法で確かめるまでもなく妥当な推論ではない。ここには暗黙の前提がある。それが何かを考えよう。単純に考えれば，$\forall x \forall y \forall z(Fxy \wedge Fxz \to Gyz)$ が前提されていると思われる。そして実際この前提はもとの推論を自明化する前提になっている。しかし私たちはここでもう少し慎重にならなければいけない。なぜならば $\forall x \forall y \forall z(Fxy \wedge Fxz \to Gyz)$，Fab，Fac という前提だけだと Gbc のみならず Gbb，Gcc（すなわち「太郎は太郎のきょうだいである」および「次郎は次郎のきょうだいである」）も結論として推論できる。これは意図に反する。つまり，$\forall x \forall y \forall z(Fxy \wedge Fxz \to Gyz)$ の前件に $\neq yz$ をつけ加えて自明化を防がなければならない。さらにこの場合は Gbc を導くためにはもう１つ自明化する前提，$\neq bc$ を加える必要がある。

もう１つ例を挙げよう。「自分自身を愛している人は他人を愛さない」という前提から「すべての人を愛している人はいない」という結論を導く推論は妥当だろうか。一見するとこれは妥当に思われる。すべての人を

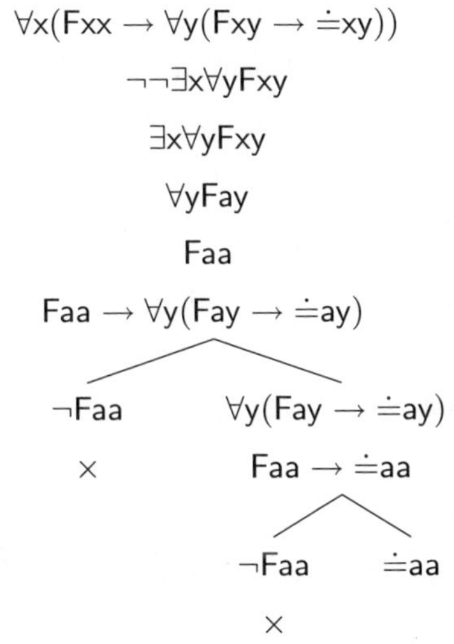

$$\forall x(Fxx \to \forall y(Fxy \to \doteq xy))$$
$$\neg\neg\exists x\forall yFxy$$
$$\exists x\forall yFxy$$
$$\forall yFay$$
$$Faa$$
$$Faa \to \forall y(Fay \to \doteq ay)$$
$$\begin{array}{cc} \neg Faa & \forall y(Fay \to \doteq ay) \\ \times & Faa \to \doteq aa \\ & \begin{array}{cc} \neg Faa & \doteq aa \\ \times & \end{array} \end{array}$$

図 11.1

愛している人はいないということは，どんな人についても，その人が愛していない人がいるということである。自分を愛している人は他人を愛さないのだとすれば，自分を愛している人には，自分以外の他人であって，自分が愛していない人間がいる。また自分を愛していない人間には，自分という，愛していない人間がいる。したがって，すべての人にとって，その人が愛していない人間がいるように思われる。しかし実際にはそうではない。「x は y を愛する」を Fxy によって表すと，この推論の前提は $\forall x(Fxx \to \forall y(Fxy \to \doteq xy))$ と翻訳することができる。また結論は $\neg\exists x\forall yFxy$ と翻訳される。タブローの方法によってこの推論が妥当でないことは確かめられる（図 11.1）。

ではこの推論が妥当であるように思われるのはなぜだろうか。自分を愛している人間には，自分以外の他人という愛していない人間がいると考えるとき，考慮されている世界には少なくとも二人の人間がいることを前提している。しかしこの前提が成り立たない場合が考えられる。すなわち，世界にただ一人しか人間がいない場合である。その人が自分自身を愛しているとすると，その人はすべての人間を愛していながら自分以外の誰も愛していないことになる。このような事例，つまり反例モデルを考えることができる場合には，上の推論は妥当とは言えない。しかし前提に少なくとも二人以上の人間がいるということをつけ加えるならば，すべての人を愛している人はいないことを結論として推論できるようになる。

11.3 格子モデルにおける暗黙の前提

第3章において導入した格子モデルはさまざまな「制約」がある。このような制約は格子モデルについて私たちが推論をする際，暗黙の前提となりうる。たとえば次の推論は妥当ではない。

(11.7) $$\frac{\mathsf{Sa} \lor \mathsf{Ma}}{\neg \mathsf{Ha}}$$

しかしすべての格子モデルにおいては

$$\forall \mathsf{x}((\neg(\mathsf{Sx} \land \mathsf{Mx}) \land \neg(\mathsf{Mx} \land \mathsf{Hx})) \land \neg(\mathsf{Hx} \land \mathsf{Sx}))$$

という制約があり，これを上の推論の前提に加えれば妥当な推論になる。

同様に以下の推論は妥当ではないが，格子モデルにおける適当な制約を前提につけ加えることによって妥当な推論になる。

(11.8)

$$\frac{\mathsf{Rab}}{\not=\mathsf{ab}}$$

(11.9)

$$\frac{\neg\mathsf{Ca} \quad \neg\mathsf{Pa}}{\mathsf{Ta}}$$

(11.10)

$$\frac{\neg(\mathsf{Vab} \lor \mathsf{Wab}) \quad \neg\mathsf{Rab} \quad \not=\mathsf{ab}}{\mathsf{Lab}}$$

(11.11)

$$\frac{\mathsf{H'ab} \quad \mathsf{H'bc}}{\mathsf{Mb}}$$

演習問題 11

1. 「自分を愛している人間は他人を愛さない」,「少なくとも二人の人間がいる」という 2 つの命題を前提として「すべての人を愛している人はいない」という命題を結論とする推論が妥当であることを確かめさい。

2. (11.7) の前提に $\forall x((\neg(Sx \land Mx) \land \neg(Mx \land Hx)) \land \neg(Hx \land Sx))$ を加えたものが妥当になることをタブローの方法によって確かめなさい。

3. (11.8)-(11.11) の推論に，格子モデルにおける適切な前提を補って妥当な推論になるようにしなさい。

12 日本語の推論の妥当性(3)

久木田水生

《目標＆ポイント》 誤った推論，議論について学び，それをタブローの方法によってチェックする練習をする。

《キーワード》 タブロー，論理的誤謬，非論理的誤謬

この章ではさまざまな**誤謬**を紹介する。誤謬とは誤った推論に基づいた議論，あるいは不適切な議論である。とくに，それが誤謬であること，すなわち，虚偽のものであることを自覚して，論争における議論に使用するとき，**詭弁**と呼ばれることがある。誤謬には**論理的誤謬**と**非論理的誤謬**がある。論理的誤謬は，一階述語言語に翻訳したとき，論理定項すなわち，結合記号と量化記号に翻訳される表現の使い方を間違った結果生じる誤謬である。非論理的誤謬は論理的には妥当でないにもかかわらず一見すると妥当であるかのように見える議論のことである。

12.1 論理的誤謬

前件否定

仮言命題とその前件の否定から後件の否定を導く日本語の推論は誤謬である。たとえば次のように使われる。

(12.1) *(注)　テストの点数が 60 点以上ならば単位が認定される。
テストの点数が 60 点以上でない。

単位がもらえない。

これが誤謬であることは「ならば」を一階述語言語の → に翻訳するとすぐに理解できる。仮言命題が真である場合，前件が真であるときには後件も真であるが，前件が真でない場合は後件が真であっても偽であってもかまわない。したがって前件が真でないからといって後件が偽であることにはならない。前件が成立しているときには後件が成立しており，前件が成立していないときには後件も成立していないということは，別のことである。

上の例の場合，単位を認定されるためにはテストで 60 点以上取る以外にも，レポートを提出するなどの方法があるかもしれない。この推論が誤りであることは次の推論も同じ形式であることから明らかであろう。

(12.2)*　雪が降るとバスが遅れる。
雪が降っていない。

バスは遅れない。

これらの推論を一階述語言語に翻訳して，タブローの方法を用いれば，ただちにそれから誤謬であることを確かめることができる。

後件肯定

仮言命題とその後件の肯定を前提として前件の肯定を結論とする推論である。たとえば次のように使われる。

(注) * がついている推論は誤謬である。

(12.3)*　太郎はウソをつくとき汗をかく。
　　　　太郎は汗をかいている。
　　　　―――――――――――――――
　　　　太郎はウソをついている。

太郎が汗をかくのはウソをつくときにかぎらないだろう。運動をしたときにも汗をかくだろうし，単に暑いときにも汗をかくだろう。ウソをつくときにかならず汗をかくからといって，汗をかいていればウソをついているとはいえない。このことも容易にタブローの方法によって確かめることができる。

日常言語での「ならば」は曖昧に使われ，場合によっては「A ならば B，かつ，B ならば A」（A と B は互いに必要十分）を意味して「A ならば B」と言われることもあるために，それがつねに言えるとつい「錯覚」して誤謬が生ずるのである。

とはいえ，太郎が汗をかいていることから太郎がウソをついているかもしれないと推論することは経験則としては有益である可能性がある。しかし結論を正しいものとして主張することには問題がある。以下の誤謬の多くについても同様である。

選言肯定

選言と一方の選言肢の肯定から他方の否定を導く誤謬である。たとえば次のように使われる。この推論の結論そのものは正しいが，推論そのものは誤謬である。

(12.4)* $\sqrt{2}$ は有理数であるか，または無理数である。
$\sqrt{2}$ は無理数である。
―――――――――――――――――――――
$\sqrt{2}$ は有理数ではない。

8.3.3 節で述べたように，日本語の「または」は排他的選言を意味する場合もある。この誤謬は選言を排他的選言と取り違えることから生じる。

またこの推論は「 有理数でありかつ無理数であるようなものは存在しない 」という自明化する暗黙の前提を補えば妥当な推論になる。

12.2 非論理的誤謬

非論理的誤謬は，論証をあたかも正しいものであるかのように見せる修辞上の技法がしばしばもつ特徴である。非論理的誤謬は記号論理学そのものと直接の関連はないが，広義の論理学のテーマのひとつであり，日常言語で行う議論，論争ではしばしば用いられているので，いくつかの例を紹介する。

関連性の誤謬

当面の議論に無関係な論点をもち出して，自分の議論の誤りをごまかしたり，相手の議論を混乱させたりすることである。これには相手の人格や能力の欠点を指摘する，感情に訴える，権威や人気に訴えるなどの方法も含まれる。たとえば次の議論は**関連性の誤謬**を犯している。

(12.5) ある学者がバナナがダイエットに効果があると主張しているが，その学者はバナナの輸入をしている。だから，その主張は疑わしい。

バナナがダイエットに効果があるということと，そう主張している人がバナナの輸入業者であるということとは論理的な観点からは無関係である。したがって後者を理由に前者を否定することは「論理的には」できない。

ある命題が偽であっても，それを人に信じさせることによって利益を得る人間は，そうでない人間に比べて，その命題を主張する傾向があるということはいえるかもしれない。しかし，このことは論理的な関係ではなく，したがって，命題を否定するための「論理的な」根拠に使うことはできない。

誤った二分法

2 つの選択肢を提示して，そのどちらかを受け入れなければならないように見せかけるが，実際にはその 2 つ以外にも選択肢があるものを**誤った二分法**という。

> (12.6) 本英会話教室に通えば一日コーヒー一杯の値段で英語が話せるようになるんですよ。あなたはこの教室に通って英語がしゃべれるようになるのと，一日コーヒー一杯のお金を節約して英語がしゃべれないままなのと，どちらを選ぶんですか？

話者は「この英会話教室に通って英語がしゃべれるようになる」か「英会話教室に通わずに英語がしゃべれないままである」かのどちらかであると言っているのだが，もちろんそれ以外の可能性も考えられる。「英会話教室に通って英語がしゃべれないままである」という可能性もあるし，「英会話教室に通わずに英語がしゃべれるようになる」という可能性もある。

この誤謬はディレンマと併用して詭弁として利用することができる。

(12.7) 学生たちは授業が難しすぎるとついていけなくなって寝てしまうし，授業が簡単すぎると今度は退屈になって寝てしまいます。学生というのはどうしたって寝るものですね。結局，学生は寝てしまうのですから，私はどんな授業をしてもよいのです。

論点先取

結論として述べたいことが前提の中にそのまま含まれているような論証のことを論点先取という。ここで使われている推論はしばしば論理的には妥当である。しかし論証としては有効でない。なぜならば，結論を前提とすることになり，「空虚な」議論をしていることになるからである。たとえば次のような論証である。

(12.8) 女性の作家の方が良い小説を執筆するものだ。なぜならば，男性の作家は女性作家ほどの技倆がないからである。

ただし日常言語での議論において論点先取であるかどうかの区別は必ずしも明確ではない。

多義性の誤謬

これは三段論法において媒介概念が大前提と小前提で異なる意味で使われる誤謬である。本書で導入した一階述語言語においてはすべての表現についてこのような多義性の可能性は排除されているので，一階述語言語に翻訳すると妥当な推論の形をとっている。次のような推論は，本来，2つの異なる述語記号に翻訳するべき日本語を1つの述語記号に翻訳したという意味で誤謬となる。

(12.9) 高校生になったらもう大人だとよく言われるけど，大人なら煙草を吸ってもいいんだから，高校生は煙草を吸ってもいいんだね。

ここで大前提は「大人は煙草を吸ってもよい」，小前提は「高校生は大人だ」である。しかしここで「大人」という言葉は多義的に使われている。前者においては法律上の成人という意味であり，後者においてはおそらく身体的・精神的な成長の度合いが一定以上であることを意味している。したがってこの推論は形式上は一見すると妥当であるが，実際には「大人」に対して異なる述語記号の翻訳を与えるべきであり，妥当とはいえない。

藁人形論法

これは論争の相手の主張を歪曲したり，意図的に曲解したりして攻撃する方法である。たとえば次のような議論を考えてみよう。

(12.10) 菜食主義は不合理である。生命の価値はすべて等しいのだから，動物の命は尊重するけど植物の命は奪ってもよいなんていうことはおかしい。

菜食主義を採用する理由は人によってさまざまであり，動物の命の方が植物の命よりも価値があるという理由によるとはかぎらない。しかしこの論証においては菜食主義をその理由のみに基づく立場だと一方的に決めつけている点で，相手の主張の趣旨を一方的に決めつけている点で藁人形論法になっている。

12.3 日常的な推論と論理学のギャップ

第10章から本章にかけて，私たちが日常的に行っている推論を一階述語言語に翻訳し，それからタブローの方法によってその妥当性をチェックする練習をした。しかし，日常的な推論をすべて一階述語言語に翻訳して，推論の妥当性を調べることができるわけではない。なぜならば，一階述語言語に翻訳できない日本語の命題および推論もあるからである。たとえば時制の表現がそうである。

(12.11)　宇宙はつねに存在する。
―――――――――――
宇宙はかつて存在した。

のような推論は明らかに妥当であるが，一階述語言語で表現することは難しい。また「…に違いない」，「…かもしれない」，「…ということはあり得ない」などの表現を翻訳することも難しい。また，たとえば

(12.12)　子供は入場料を払う必要はない。
―――――――――――
子供は入場料を払わなくてもよい。

のような義務や許可に関わる推論は一階述語言語では表現するのが難しい。

また，たとえば，一階述語言語で「メアリーはジョンが好きじゃない」と「メアリーはジョンを好きというわけではない」という2つの文の間の意味の違いを表現することは難しい。

このような一階述語言語に十分に翻訳できない意味をもつ日本語の命題に対して，無理な翻訳を与えて推論規則をそのまま適用することは問題

を引き起こすこともある。たとえば「メアリーはジョンが好きか好きではないかのどちらかである」という文を考えよう。これを翻訳するとき A を「メアリーはジョンを好きである」の翻訳とすると，この文は $A \vee \neg A$ と翻訳されるので，排中律の例となり，すべてのモデルにおいて真である。しかしこれは本当に正しいと言えるだろうか。日本語ではしばしば，「好きではない」という言葉は単に「好き」という感情の不在ではなく，好きとは反対の感情の存在を示唆している。したがって「好き」か「好きではない」のどちらかがかならず成り立つということはいえないのである。

このことは，たとえば「すべての人はベジマイトが好きであるか好きではないかのどちらかである」という文を考えればよりはっきりするだろう。この命題の翻訳の否定を根とするタブローは閉じる。しかしベジマイトを食べたことがない人間は，ベジマイトが好きだとも好きじゃないとも言わないだろう。

同様の問題は二重否定律にかんしても生じる。「メアリーはジョンが好きではないわけではない」を前提として「メアリーはジョンが好きだ」を結論とする推論は，「そのまま」翻訳すれば妥当である。しかしメアリーが「私はジョンを好きではないというわけではない」と発言したのを聞いて，「メアリーは君のことを好きと言っている」とジョンに伝達することはおそらく誤解を生むだろう。

仮言命題に関わる推論規則に対しても，さまざまな疑問が残るかもしれない。たとえば「太郎は叱られないと勉強しない」という命題の対偶は「太郎は勉強すると叱られる」になるだろう。しかし，前者の仮言命題が正しいときには，後者の仮言命題も正しいと言えるだろうか。また任意の仮言命題と，その命題の前件と後件を入れ換えた命題とを選言肢とする選言はすべてのモデルで真であるが，しかし「長崎に雨が降っているならばキリマンジャロに雪が降っている，またはキリマンジャロに雪が降っているならば長崎に雨が降っている」が真であるとは到底思えない。

また第11章でみたように，日常の発話の多くは，隠された前提を含んでいる。たとえば「アキレスほど足の速い人間はいない」という言明は論理的に考えれば偽である。なぜならアキレスも人間であり，そして当然アキレスはアキレスと同じくらい足が速いからである。もちろんこの言明は「アキレスほど足の速い人間はアキレス以外にはいない」ということを意味しているのであるが，当たり前のことなのであえてそれを表現することはしていないからである。

演習問題　12

1. 12.1 節の ∗ 印のついた推論が妥当でないことをタブローの方法によって確かめ，反例モデルを挙げなさい。

2. 一方に数字，一方にアルファベットが書かれたカードが以下のように並べられている。

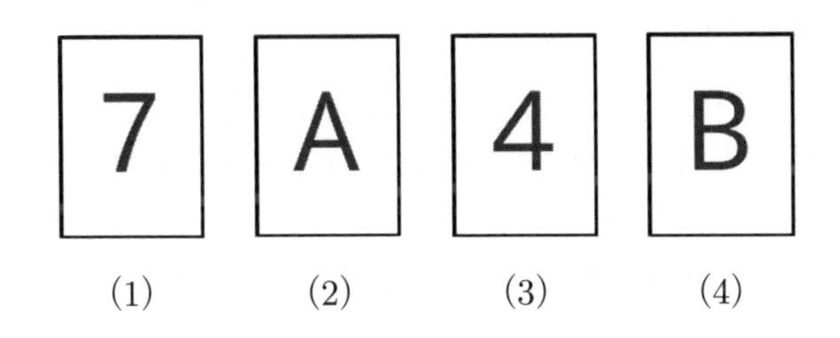

(1)　(2)　(3)　(4)

このとき(1)-(4)のカードについて「一方に母音が書かれているならばその裏には偶数が書かれている」という規則が守られているかどうかを確かめるためには，めくらなければいけないカードをすべて選びなさい。

3. 以下の議論がなぜ誤謬であるかを，本文中の類型を参照して考えなさい。

(1) 日本でもイギリスでも人々は保守的で閉鎖的である。どうやら島国においては，人間は保守的で閉鎖的になるらしい。

(2) 自殺はいけないよ。自分の命は大切にしなければならないんだから。

13　タブローの方法の健全性と完全性

久木田水生

《目標＆ポイント》論理体系の健全性，完全性，決定可能性，決定不可能性の概念について理解する。

《キーワード》健全性，完全性，決定不可能性

ここまで私たちはタブローの方法という機械的な手続きを用いることによって，推論の妥当性をチェックしてきた。しかし，なぜこの手続きが妥当性を確認するための信頼できる方法であると言えるのだろうか。すなわち，なぜタブローが閉じたならば，推論が妥当だと言えるのだろうか。またなぜタブローが閉じなければ，その推論が妥当でないと言えるのだろうか。それはタブローの方法が一階述語論理に対して**健全**でありかつ**完全**であるからである。本章ではこれらの性質について説明し，上の疑問に対する答えを与える。また**決定不可能性**という論理学と計算機科学において重要な概念にも触れる。

13.1　推論の妥当性とタブローの方法

1つの整数が3の倍数であるかどうかを知るには，その整数を十進法で表したときの各桁の数字が表す数を足した数が3の倍数になっているかどうかを調べればよい。この方法を用いると，非常に大きな整数でも効率よく3の倍数であるかどうかを判定することができる。しかし，この方法が3の倍数であることを確認する信頼できる方法であるということは，どのようにして保証されているのだろうか。それは，すでに数学の

教科書で学んだように，その事実が数学的に証明されているからである。

タブローについても同様に，任意の推論について，その推論の妥当性を確認するタブローが閉じることが，その推論が妥当であることの必要十分条件になっていることが証明されている。このことによってタブローが妥当性を確認する信頼できる方法であるということが保証されるのである。

ある機械的な手続きによって妥当な推論のすべてを妥当だと判定できるとき（すなわちその手続きでの妥当性判定が妥当性の必要条件になっているとき），その手続きは**完全である**と言われる。またその手続きによって妥当でない推論が妥当と判定されることがないとき（すなわちその手続きでの妥当性判定が妥当性の十分条件になっているとき），その手続きは**健全である**と言われる。本書で扱った一階述語論理に対して，本書のタブローの方法は**完全**かつ**健全**であることが証明されている。

健全性と完全性の概念をアナロジーで説明しよう。裁判は被告が犯罪を犯したかどうかを判定する手続きを重要な要素として含んでいる。罪を犯していない人間を有罪にすることがない裁判システムは「健全」である。一方で実際に罪を犯した人間をすべて有罪にする裁判システムは「完全」である（図13.1参照）。しかし，現実の裁判は罪を犯していない被告に誤って有罪判決を出すこともあるし，罪を犯した被告に誤って無罪判決を出すこともある。無実の人間に有罪判決を出すことを避けようと思えば，よほど明確な証拠がないかぎり有罪にはしないという方針が採られるだろう。このとき裁判システムは健全性を重視したものになる（そのかわりに完全性は犠牲にされる可能性が高い)。「推定無罪」を原則とする近代的な裁判制度はこちらのタイプであると言えるだろう。逆に実際に罪を犯した人間を無罪放免にすることを極力避けようと思うならば，少しでも疑わしい人間は有罪にするという方針が採られるだろう。このとき裁判システムは完全性を重視したものになる（その代わりに健

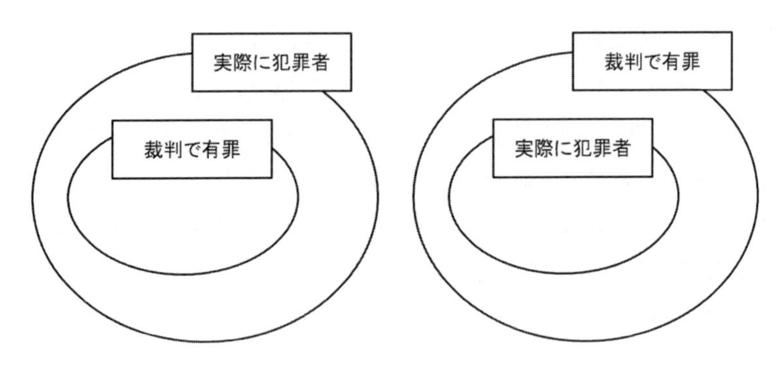

図 13.1　健全な裁判（左）と完全な裁判（右）

全性は犠牲にされる可能性が高い)。前近代的な専制国家や独裁国家の裁判はこちらのタイプである場合が多い。実際，すべての被告を無条件で無罪にすることにすればそのシステムは健全になるし，すべての被告を無条件で有罪にすることにすれば完全になる。このように健全性と完全性は一般にはトレードオフの関係に立つ概念であり，一方を達成しようとすると他方を達成することが難しくなる。現実世界の事物の性質にかんしては，健全かつ完全なテストというものはほとんど存在しないと言ってよいかもしれない。

ところが，一階述語論理に対しては健全かつ完全な妥当性の判定手続きが存在する。本書で紹介したタブローの方法は一階述語論理に対する健全かつ完全な推論の妥当性にかんする判定手続きである。

13.2 論理体系と形式的体系

本書の第 1 章において，推論の妥当性は「前提が成立するときに結論が必ず成立する」という性質として特徴づけられた（1.2.6 節)。しかし，この特徴づけでは，「成立する」，「必ず」という言葉が明確ではなかった。

そこで第 3 章（定義 3.1–3.2）では，集合論を利用してモデルという概念を定義し，ある命題が（あるモデルにおいて）真であるということを正確に定義した。その方法を用いると推論の妥当性は次のように定義することができる（定義 4.1）：

$A_1, \ldots, A_n \models B \iff A_1, \ldots, A_n$ のすべてを真にするモデルは B も真にする。

しかしながらこの特徴づけだけでは個々の推論について，それが妥当であるかを判定することが難しい。そこで容易に妥当性を判定するために第 5 章で導入された方法がタブローの方法であった。タブローの方法の特徴は式の意味を考えることなく式の形式だけを見て，いくつかの明示的な規則に従い，機械的な操作を実行していくことによって，推論の妥当性を確認するというものである。このような明確な規則に従って形によって定義された記号からなる言語を**形式的体系**ということがある。この意味で，一階述語論理は形式的体系である。

問題は，私たちが定義した一階述語論理における推論の妥当性と，それに対する形式的体系における操作としてのタブローの方法とが正確に対応しているということの保証がどのようにして与えられるのかということである。

13.3 健全性と完全性

タブローの方法の健全性と完全性を正確に述べると次のようになる。

健全性　任意の命題 $A_1, \ldots, A_n, B$ に対して，$A_1, \ldots, A_n \vdash B$ ならば，$A_1, \ldots, A_n \models B$。

すなわち，タブローによって妥当と判定される推論はすべて，一階述語論理における妥当な推論である。

完全性　任意の命題 $A_1, \ldots, A_n, B$ に対して，$A_1, \ldots, A_n \models B$ ならば，

$A_1, \ldots, A_n \vdash B$。

すなわち，一階述語論理における妥当な推論はすべて，タブローの方法によって妥当と判定される。

この２つの性質がなぜ成り立つのかを簡単に説明しよう。タブローを使って推論を分析することが意図していることは，前提がすべて真，結論が偽であると仮定して，矛盾が生じるかどうかを調べることである。そこで $A_1, \ldots, A_n$ を前提として B を結論とする推論を分析するときに使うタブローは $A_1, \ldots, A_n, \neg B$ からなる根から規則を適用して，これらの式を構成している命題が真であるか偽であるかを調べる。たとえば A, B を命題とするとき，$A \wedge B$ が枝に現れているときには，その枝に続けて A と B を書き加える。これは $A \wedge B$ が真である場合には，A と B の両方が真でなければならないからである。$A \vee B$ が枝に現れているときには，枝の先を二本に分岐させてそれぞれの先に A と B を加える。これは $A \vee B$ が真であるときには A か B のどちらかが真なので，A が真である場合と B が真である場合の２つの可能性を考えるからである。タブローのある枝が閉じるということは，その枝に命題とその否定が生じているということである。タブローのすべての枝が閉じるということは，その推論の前提が真，結論が偽であると仮定して，規則を適用すると，枝の上の命題のすべてが真になるような命題がないということである。例を挙げよう。$A \vee B, \neg A$ を前提として B を結論とする推論が妥当であるかどうかをテストするタブローは $A \vee B, \neg A, \neg B$ を根とする。$A \vee B$ を分析すると，先端に A をもつ枝と B をもつ枝に分岐する。前者の枝には $\neg A$ と A が現れるために閉じている。一方，後者の枝には $\neg B$ と B が現れるためにやはり閉じている。これは $A \vee B, \neg A$ がともに真，B が偽と仮定すると，$A \vee B$ から A が真であるか，もしくは B が真であるかのどちらかということになるが，しかし前者を仮定すると $\neg A$ が真であるという仮定に矛盾し，後者を仮定すると B が偽という仮定と矛盾すること に相当すると考えられる。

このようにタブローに現れる命題から枝を伸ばしてタブローを拡張する手続きの規則は，ある式が真であるときの，その構成部分になっている命題の真偽の条件と密接に対応している。その対応によって，タブローの枝のすべてが閉じるときには，問題になっている推論の前提がすべて真，結論が偽と考えることができないので，その推論の前提すべてを真にし，結論を偽にするようなモデルが存在しないことになる。逆にある推論に対して反例となるモデルが存在するならば，そのモデルに対応する開いた枝をもつタブローが存在することになる。それゆえに，そのとき，その推論は一階述語論理において妥当であることがわかるのである。このことからタブローの方法は健全であるということが理解できる。（ここでは，量化記号を含む規則について言及していないが，基本的な考え方は同じである。）

逆にタブローに閉じない枝が存在するとき，その枝に現れている原子命題またはその否定を「拾っていく」ことで，私たちはその前提すべてを真，結論を偽にするモデルを構成することができる。たとえば $\forall\mathsf{x}(\mathsf{Fx}\vee\mathsf{Gx})$ を前提として $\forall\mathsf{xFx}\vee\forall\mathsf{xGx}$ を結論とする推論が妥当かどうかをテストするタブローは図 13.2 のようになるが，このタブローの閉じていない枝に現れる原子命題またはその否定は $\neg\mathsf{Fa}, \mathsf{Fb}, \mathsf{Ga}, \neg\mathsf{Gb}$ である。個体領域 U が u_a, u_b のみからなり，解釈 v が $v(\mathsf{a}) = u_\mathsf{a}, v(\mathsf{b}) = u_\mathsf{b}, v(\mathsf{F}) = \{u_\mathsf{b}\}, v(\mathsf{G}) = \{u_\mathsf{a}\}$ であるモデル $\langle U, v\rangle$ において $\forall\mathsf{x}(\mathsf{Fx}\vee\mathsf{Gx})$ は真であり，$\forall\mathsf{xFx}\vee\forall\mathsf{xGx}$ は真ではない。したがってこの推論は一階述語論理では妥当ではない。このようにタブローが閉じていない枝をもつときにはその枝から得られる情報に基づいて，その推論の反例となるモデルを構成することができる。このような考え方を詳細にわたって適用することによってタブローの方

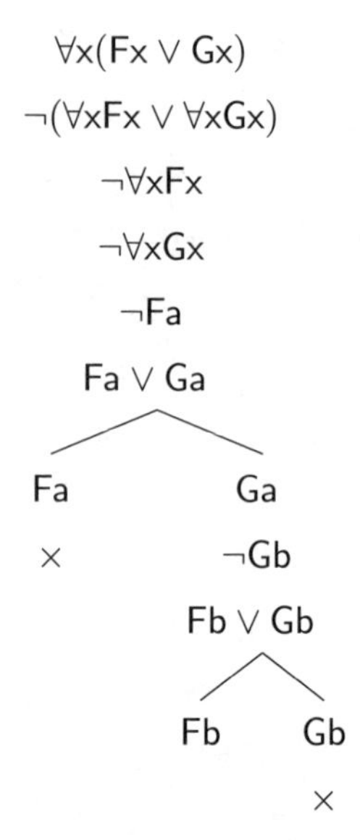

図 13.2　開いたタブロー

法の完全性について理解することができるであろう。

本書では詳しく述べないが，一階述語論理にかんするタブローの方法の健全性と完全性には，厳密な証明が与えられている。その証明があるからこそ私たちはタブローの方法を推論の妥当性の確認方法として信頼することができるのである。

しかしながら，タブローの方法にも 1 つの弱点がある。それは，タブローを使って妥当性を確認している推論が妥当である場合は必ず妥当であると判定できるが，妥当でないときに必ず妥当でないと判定できるとはかぎらないということである。

13.4 決定不可能性

推論が妥当でないときにはタブローの方法によってそれが判定できないことがあるというのは一見すると奇妙に思えるかもしれない。上で述べたように，タブローが閉じることは，テストされている推論が妥当であることの必要十分条件である。したがってタブローが閉じないことがその推論は妥当ではないということの必要十分条件になる。だとすればタブローが閉じないということがわかれば，その推論が妥当ではないとわかるのではないだろうか。たしかにその通りである。しかしじつはタブローが閉じないということを確実に知る方法を私たちはもっていないのである。というのもタブローの中には分析が終了せず，枝がどこまでも伸びていくようなものがあるからである。第 6 章の図 6.3 で示されたタブローはそのような例である。

この例ではタブローを生成するプロセスがいつまでたっても終わらないことが明らかなので，タブローが閉じないことがすぐにわかる。また実際に，このタブローからこの推論の反例となるモデルを構成することも容易である。したがってこの推論が妥当でないことも直ちに理解できるだろう。しかしタブローを拡張させる手続きが終わらない仕方はさまざまであり，タブローが閉じないと機械的に判断できるような基準を一般的な形で与えることはできない。

この事情を少し一般的な概念を導入して説明しよう。問題が与えられたとき，決まった機械的な手続きでかならず解が得られるとき，その問題は**決定可能である**と言い，そうでないとき**決定不可能である**と言う。たとえば，0 から 9 の数字の組み合わせからなる暗証番号で扉を開ける問題は決定可能である。またある問題に対して特定の場合に限りかならず解が得られるとき，その問題は**半決定可能である**と言う。したがって，一階述語言語における推論の妥当性の問題は半決定可能である。ただし，一階述語言語から量化記号を取り除いた部分は，（本書では形式的体系としては正確には定義していないが）決定可能である。

しかし，そもそもここで言われている「機械的な手続き」とはいかなるものであろうか。直観的にはそれは，定まった明確な規則に従うことによって遂行される手続きのことである。このような手続きは**実効的手続き**とも呼ばれる。

この概念の正確な定義は，1930 年代に，何人かの数学者や論理学者によって独立に提案された。クルト・ゲーデルらはいくつかの基本的な関数と，すでに定義された関数から新しい関数を帰納的に定義する方法を考え出し，これによって**帰納的関数**と呼ばれる関数のクラスを定義した。アラン・チューリングは現在では**チューリング・マシン**としても知られる「機械」を考案した。チューリング・マシンとは，有限個の可能な内部状態をもち，ある時点での内部状態と入力信号に応じて，新しい内部状態に移りながら決まった信号を出力する，概念上の機械である。チューリング・マシンは最初に与えられる記号の列と最終的に出力される記号の列を適切に解釈することによって，算術的計算を行うプログラムと見なすことができることがわかっている。チューリング・マシンで計算できる関数は**チューリング計算可能な関数**と呼ばれる。さらに，アロンゾ・チャーチは**ラムダ計算**と呼ばれる，関数を抽象化した形式的な記号操作の体系を考案した。これは，単純な 2 つの構文論的規則によって定義される**ラムダ式**と，ラムダ式に対する 2 つの変形規則によって構成される形式的体系である。ラムダ計算の中では，さまざまな算術的関数を表現することができる。ラムダ計算によって表現できる関数は**ラムダ定義可能な関数**と呼ばれる。これら 3 つの方法は，計算あるいは「機械的手続き」に対する異なる見方であるが，にもかかわらず帰納的関数のクラス

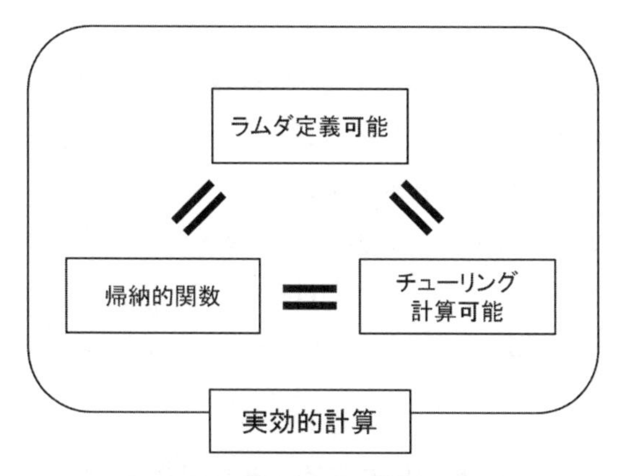

図 13.3　実効的計算可能性の概念

とチューリング計算可能な関数のクラスとラムダ定義可能な関数のクラスは正確に一致することが 1930 年代に証明された。

さらに，チャーチは一階述語論理における妥当な推論とそうでない推論とを区別する帰納的関数が存在しないということを証明した。より正確に言うと，任意の推論に対して，それが妥当であれば妥当と判定し，妥当でないときに妥当でないと判定する帰納的関数は作れないことが証明されたのである。タブローの方法もまた実効的計算の一種と考えることができるので，タブローの方法によって一階述語論理の妥当な推論であるかどうかを決定することはできないということになる。一階述語論理が決定不可能であるということは，正確にはこの意味においてである。すなわち，機械的な手続きとは帰納的関数によって表現できる手続きであるということを前提すれば，一階述語論理は決定不可能であるといえる。後にスティーヴン・クリーネは，実効的に計算可能な関数のクラスを帰納的関数のクラスとして定義することを提案した。今日では，この提案は**チャーチのテーゼ**あるいは**チャーチ=チューリングのテーゼ**と呼ばれている。

実際のコンピュータに与えられるプログラムも，本質的にはチューリング・マシンのプログラムとして表現することが原理的には可能である。また実効的に遂行可能と思われる手続きで，チューリング・マシンによって遂行できないようなものはこれまでに考えられていない。そのため現在では，「実効的手続き」という言葉は，たとえばチューリング・マシンのプログラムとして記述できるような手続きとして理解されるようになっている。

13.5 チューリング計算可能性を超えて

チューリング・マシンの計算能力は非常に優れたものであり，適切なプログラムを与えることで私たちが実際に用いるあらゆる計算を実行させることができる。しかしながらチューリング・マシンによって計算できない関数，すなわちチューリング・マシンでは解決できない問題があることもわかっている。その代表的なものが（チューリング・マシンの）**停止問題**である。

チューリング・マシンは何らかのプログラムと0と1からなる有限の数列（の有限個の列）を入力として与えられたときに，0と1からなる有限の数列を出力する機械であると考えることができる。しかし，プログラムと入力の組み合わせ次第では，チューリング・マシンは処理が終了しないこともある。つまりチューリング・マシンの計算は，正常に処理が終了して出力を返す場合と，処理がいつまでも終了しない場合があるのである。それでは任意のプログラムと入力された値の組み合わせにかんして，それを実行するチューリング・マシンが正常に停止するかどうかを判定するチューリング・マシンのプログラムが書けるだろうか？

これが停止問題である。1936 年にチューリングは停止問題は解決できないことを証明した。すなわち，そのようなプログラムが存在しないことを証明したのである。

19 世紀末から 20 世紀初頭にかけて，論理学と計算論において革命的な発展が次々に起こり，人間が行う推論や計算の多くが，機械的，形式的な規則に従うことによって可能になることが示された。しかしながら 1930 年代には，そのような機械的・形式的な規則の体系がさまざまな限界をもつことが次々に示された。その中には上述の停止問題のほかに，ゲーデルによる**不完全性定理**（1931 年），前節で言及したチャーチによる一階述語論理の決定不可能性（1936 年），タルスキによる**真理の定義不可能性定理**（1936 年）などが含まれる。

これらの結果は，人間の知性や理性には形式的な記号の操作に還元できないものがあるという主張に対する根拠として，しばしば引用されてきた。しかしそのことは，形式的体系が信頼できないものであるということを意味しない。形式的体系は本書で見てきたように，多くの問題にかんして，その解決を容易にしてくれるものである。そしてそれは，現代の論理学・数学・計算機科学においても不可欠の道具になっている。私たちが認識しなければならないのは，形式的体系には必ず一定の限界があるということである。形式的体系では解決できない問題があり，そして捉えられない思考がある。また形式的方法を使うこともできるが，そうしない方が効率が良いような問題もある。本書でもたびたび見たように，一階述語言語の言語と日常の言語にはさまざまなギャップもある。こういった形式的方法の限界を認識しながら，私たちはどのような場面で形式的方法を使うべきで，どのような場面では使うべきでないのかを考えなければならない。

演習問題 13

1．量化記号を含まない命題のみからなる推論にかんしては，その妥当性は決定可能である。このように考えてよい理由を説明しなさい。

14 論理学の応用

辰己丈夫

《目標&ポイント》ブール代数，直観主義論理，線型論理を取り上げる。また，情報科学への応用例として，論理型プログラミング，自動定理証明を紹介する。

《キーワード》さまざまな論理，ブール代数，直観主義，線型論理，論理型プログラミング，自動定理証明

本書で，ここまでに取り上げてきた論理は，「一階述語論理」と呼ばれている論理体系である。本章では，応用的な話題と，それ以外の論理のいくつかを紹介する。

14.1 ブール代数

1847年に，イギリスの数学者ジョージ・ブールによって発表された，ブール代数について現代の言葉で述べる。ブールは，数学の研究者であったが，一方で，ギリシャ哲学に基盤を置く論理についても，数学的な立場から整理を行い，この体系を定義した。

14.1.1 論理学を数学的に整理する

本書で，ここまでに述べてきた論理体系を，少し書き方を変えて整理しておく。

連言　AとBの両方が真であるときに限り，$A \wedge B$は真である。

選言　AとBの少なくとも片方が真であるときに限り，$A \vee B$は真である。

否定　A が正しくないときに限り，$\neg A$ は真である。

恒真　任意の命題 A に対して，$A \vee \neg A$ は恒に真である。

矛盾　任意の命題 A に対して，$A \wedge \neg A$ は恒に偽である。

なお，ここで仮言（含意）$A \longrightarrow B$ は，$\neg A \vee B$ の略記であるとみなすことにしよう。

ここでは，「真である」は，その内容によらず同一のものとなる。たとえば幾何学での「真である」と，整数論の「真である」は同じである。そこで，この正しさを「定数」のように扱うことができる。

- $\top$：真である論理式と同値な論理定数。恒真という。
- $\bot$：真でない論理式と同値な論理定数。恒偽という。

以上のことを整理すると，次の集合と計算規則にまとめることができる。

連言　$\bot \wedge \bot = \bot$, $\bot \wedge \top = \top \wedge \bot = \bot$, $\top \wedge \top = \top$

選言　$\bot \vee \bot = \bot$, $\bot \vee \top = \top \vee \bot = \top$, $\top \vee \top = \top$

否定　$\neg \top = \bot$, $\neg \bot = \top$

本書でこれまでに登場してきた閉じた式は，「真である」か「真でない」のどちらかでしかない。つまり，恒真と同値か，恒偽と同値である。

したがって，命題・論理式の真偽，言い換えるなら仮定なしに妥当な推論になっているかの検証は，数学の計算と同じ方法で $\top$ なのか $\bot$ なのかを求める活動であった。

14.1.2 ブール代数の定義

数学では「対象となる元と，その元についての計算規則」をまとめた組を，代数系という。ブールが定義した体系は「ブール代数」と呼ばれる代数系であった。

ブール値（定数）：ブール代数には，定数は 2 つあり，ブール値と呼ばれる。0 と 1 のそれぞれが，恒偽 ⊥ と恒真 ⊤ を表している。なお，この 0, 1 は数値の意味はなく，単なる記号の代用として考えておく。

表 14.1　単項ブール演算の真理値表

入力	出力
	否定
X	NOT X
	$\overline{X}$
1	0
0	1

ブール演算（計算）とブール式：ブール代数における演算は，ブール演算と呼ばれ，その名称や記法などは表 14.1, 表 14.2 のとおりである。左側の入力とあるのは前提となる値，右側の出力とあるのは式全体の値のことである。これらのうち，単項演算「否定」，2 項演算「ブール積」「ブール和」が基本的な演算であり，「否定ブール積」，「排他的ブール和」は，この 3 つから定義できる派生演算となる。

表 14.2　2 項ブール演算の真理値表

入力		出力			
		ブール積	否定ブール積	ブール和	排他的ブール和
X	Y	X AND Y	X NAND Y	X OR Y	X XOR Y
		$X * Y$	$X \mid Y$	$X + Y$	$X \oplus Y$
1	1	1	0	1	0
1	0	0	1	1	1
0	1	0	1	1	1
0	0	0	1	0	0

演算子同士の関係は，吸収則と，分配則がある。

- 吸収則 $X + (X * Y) = X$
- 吸収則 $X * (X + Y) = X$
- 分配則 $X + (Y * Z) = (X + Y) * (X + Z)$

- 分配則 $X * (Y + Z) = (X * Y) + (X * Z)$

具体的なブール値の場合，次の計算結果を得ることができる。

- $\overline{1} = 0,\ \overline{0} = 1$
- $0 * 0 = 0,\ 0 * 1 = 1 * 0 = 0,\ 1 * 1 = 1$
- $0 + 0 = 0,\ 0 + 1 = 1 + 0 = 1,\ 1 + 1 = 1$

また，ド・モルガンの法則は，次の式となる。

- $\overline{X * Y} = \overline{X} + \overline{Y}$
- $\overline{X + Y} = \overline{X} * \overline{Y}$

ブール演算を組み合わせて作られた式を，ブール式と呼ぶ。たとえば，$X + (Y|Z)$ はブール式であるが，$X + YZ$ はブール式ではない。

これらの計算は，「我々がよく知っている数学の計算」と考えるなら，ブール演算を，次のとおりに定義することも可能となる。以下，イコール(=)の左辺はブール式，イコール(=)の右辺は数学の式である。

- 否定：$\overline{x} = 1 - x$
- 連言：$x * y = x \times y$
- 選言：$x + y = \min(x + y, 1)$

このように定義をすることで，論理の推論を，数学の計算と同じように行うことができる。

14.1.3 「ブール」という言葉の用法

ブール代数は一階命題論理の代数的モデルである。記法が数学的であることから，コンピュータのプログラミングなどの世界で利用されてきた。たとえば，多くのプログラミング言語では，真偽値を

表 14.3　Python のプログラムの一部

```
if (x > 0) and (y > 0):
    z = x + y
else:
    z = x + y + 1
```

boolean と呼び，if 文の条件式は boolean expression と呼んでいる。表 14.3 は，プログラミング言語 Python での，boolean expression を利用した条件判定の例である。

また，web 検索サイトでは AND や OR を用いた検索語を「ブール検索」と呼んだり，3D グラフィックスでは，物体をくっつけたり離したりする演算を「ブーリアン演算」と呼んでいる。

14.1.4 加算回路とブール式

ブール式は論理回路を表現する際にも用いられる。いま，二進法 1 桁で表された数 X と Y の和を求めることを考える。$X+Y$ の結果を表すビット列のうち，右側（1 の位）を S，左側（2 の位）を C で表すならば，右の表 14.4 が得られる。この関係を見ると，次のようにすればよいことがわかる。

表 14.4　二進法 1 桁の加算の真理値表

入力		出力	
X	Y	C	S
1	1	1	0
1	0	0	1
0	1	0	1
0	0	0	0

$$C = X * Y, \quad S = X \oplus Y$$

そこで，$*$ や $\oplus$ の入出力の関係に合致する電気回路を製作すると，二進法 1 桁の加算を電気回路で実装することができる。

14.1.5 NAND の完備性（完全性）

NAND の完備性（完全性）とは，「NOT($\overline{}$), AND($*$), OR($+$), XOR ($\oplus$) は，NAND($|$)のみで書き下すことができる」というものである。

まず，否定（NOT）は次のとおりである。

$$\overline{X} = X|X$$

したがって，連言(AND)は次のように書ける。

$$X * Y = \overline{\overline{X * Y}} = \overline{X|Y} = (X|Y)|(X|Y)$$

そして，選言(OR)は，ド・モルガンの法則を利用して，次のように書ける。

$$X + Y = \overline{\overline{X + Y}} = \overline{\overline{X} * \overline{Y}} = \overline{X} \mid \overline{Y} = (X|X) \mid (Y|Y)$$

したがって，回路を制作するときは，NAND 回路 1 種類だけを作っておけば十分で，あとの回路はすべて NAND を組み合わせて作り上げることができる。実際に，私たちが利用するコンピュータや，記憶装置のほとんどが，トランジスタを利用した NAND だけで作られている。

14.2 直観主義論理

14.2.1 排中律

次の定理と，その証明を見てみよう。

前提（用語定義）　有理数とは，分母が自然数，分子が整数の形で書ける数のこととする。有理数ではない数を無理数という。

定理　x^y が有理数となる無理数 x, y が存在する。なお，2 が有理数であり，$\sqrt{2}$ が無理数であることは用いてよい。

証明　$\sqrt{2}^{\sqrt{2}}$ が有理数かどうかで場合分けをする。

- もし，$\sqrt{2}^{\sqrt{2}}$ が有理数ならば，$x = \sqrt{2}$, $y = \sqrt{2}$ とすればよい。
- もし，$\sqrt{2}^{\sqrt{2}}$ が有理数でないならば，これは無理数である。このとき，$x = \sqrt{2}^{\sqrt{2}}$, $y = \sqrt{2}$ とすればよい。
  $(\sqrt{2}^{\sqrt{2}})^{\sqrt{2}} = \sqrt{2}^2 = 2$ は有理数である。

q.e.d.

この証明には，奇妙なところがある。それは，「$\sqrt{2}^{\sqrt{2}}$ が有理数なのか，無理数なのかはわかっていないが，定理は示された。」という点である。つまり，「無理数 x, y で，x^y が有理数となることがある。」と言っているが，その x, y がどのような数なのかは具体的に指摘していない。

命題 A について，排中律「$A \vee \neg A$ が真である」のならば，この証明は妥当である。そして，この奇妙さは，排中律が前提になっているために，生じる現象である。

14.2.2 二重否定は肯定

ある探偵は「事件が起こってから，この部屋で人の出入りはない。したがって，犯人はこの部屋の中にいる。」と言った。これは，「犯人が，この部屋の外にいると矛盾するから，犯人はこの部屋にいると考えるのが妥当だ。」という意味である。

この推論の根拠となっているのは，「二重否定は肯定と同じ」という推論である，すなわち，「$\neg\neg A \longrightarrow A$ が真である」のならば，妥当な発言となる。しかし，この探偵は，誰が犯人なのかを具体的に指摘していない。名探偵なら犯人を名指しして決定して欲しいところである。残念ながら，このままでは事件は解決しない。

14.2.3 仮言（ならば）は，否定と選言

ある人は言った。「地球が針の穴を通るならば，私は空を飛ぶことができる。」これは，$A \longrightarrow B$ が，$\neg A \vee B$ と同じであると考えるなら，（地球を通す針の穴が作られない限り）真である。しかし，地球と針の穴には何も関係がないし，ましてや，私が空を飛ぶこととも関係ない。誠に奇妙な，しかし論理的に真である発言である。

14.2.4 直観主義論理と古典論理

これまでに見てきた「直観に反しているが，妥当な推論に見える状況」を排除した論理が，直観主義論理である。これまでの論理と直観主義論理を区別するときは，これまでの論理を古典論理と呼ぶ。

直観主義論理では，二重否定は真とならない。すなわち，タブローの方法での二重否定のルールを使うことはできなくなる。（ここでは詳細は述べないが）二重否定が真であることと，排中律が真であることは同等であるので，言い換えるなら，排中律が成り立たないと言ってもよい。

直観主義論理は，古典論理のうち，「二重否定は肯定」というルール（それと同等のルール）を禁止した論理であるが，それ以外は同じである。直観主義論理で P が真であると言えるならば，古典論理でも P は真であると示すことができる。しかし，その逆は成り立たない。古典論理で P が真であっても，直観主義論理で P が真であると示せないことがある。

結果として，直観主義論理で真であると証明できる内容は，古典論理よりもずっと少なくなる。

なお，直観主義論理では，「$A \longrightarrow B$ が真である」のは，「A が真である」の証明を利用して，「B が真である」の証明を構築することができるとき，と定める。つまり，真であると示された証明には，排中律のように，「具体例を指摘せずとも妥当性を主張する」という弁法がないため，何がどのように妥当な推論であるのかが，具体的に構成される。

さらに，直観主義論理では，$\neg A$ が真であるのは，「$A \longrightarrow \bot$ のとき」と定める。これは，A を仮定すると矛盾状況を導くことができる，という意味である。

このように，正しさを構成する方法を与えている論理でもあるので，数学を構成的に作る（Constructivism in Mathematics）ときに，直観主義は重要な役割を果たす。

14.2.5 直観主義論理でのモデル

ここでは，直観主義論理におけるモデルについて述べる。

直観主義論理では，排中律が成り立たないのだが，これは，「どの命題 P を用いても，$P \vee \neg P$ が真であることを示すことはできない」という意味ではない。ある命題 P_0 については $P_0 \vee \neg P_0$ が真であることを示すことはできなくても，別の命題 P_1 については $P_1 \vee \neg P_1$ が真であることを示すことができるかもしれない。

ある時点では，$P_0 \vee \neg P_0$ が真であると示すことができなくても，後に，P_0 が真であることを示すことができるかもしれないし，$\neg P_0$ が真であることを示すことができるかもしれない。また，真であると示された命題は，将来，ずっと真である。真であると示される前は，それがわからなかっただけのことであった。

まず，古典論理のモデルは，次の通りに定義できる。(復習である。)

- ある空でない集合 U
- U 上の写像 v
- この 2 つの対 $\mathcal{M} = \langle U, v \rangle$

そして，たとえば P が n 項述語記号で，個体名 $a_1, \cdots, a_n$ があるとき，$Pa_1 \cdots a_n$ が真であるとは，

$$\langle v(a_1), \cdots, v(a_n) \rangle \in v(P)$$

が成り立つときであり，このとき，$\mathcal{M} \Vdash Pa_1, \cdots, a_n$ と書く。古典論理では，解釈を求める v が，論理式 P のみで定められた。すなわち，$v(P)$ という形であった。

一方で，直観主義論理では，解釈を求める v は，論理式 P の他に，もう一つの要素を用いてモデルを構成する。そのもう一つの要素は，「世界」を示す変数である。ここでは，W を世界の集合とし，今の世界を $w(\in W)$

としておく。

ところで，この「世界」とはどのようなものだろうか。私たちは，人生を振り返り，過去にさまざまな決断をしたことを思い出し，「もし，あのとき，こうしていたら」という仮定の話をすることがある。また，将来のことについても同様である。「今夜，私がそばを食べるか，うどんを食べるか」で，異なる世界が実現され，歴史へ過ぎ去っていく。この，時間を考えた世界が，W そのものである。この世界には，過去と未来の間に「$w \leq y \Longleftrightarrow y$ は w の未来」という不等号が定義される。今より過去の世界は 1 本線であり全順序関係があるが，今より未来の世界はさまざまに枝分かれをしていて，それぞれに「可能な世界」（図 14.1）として置かれている。

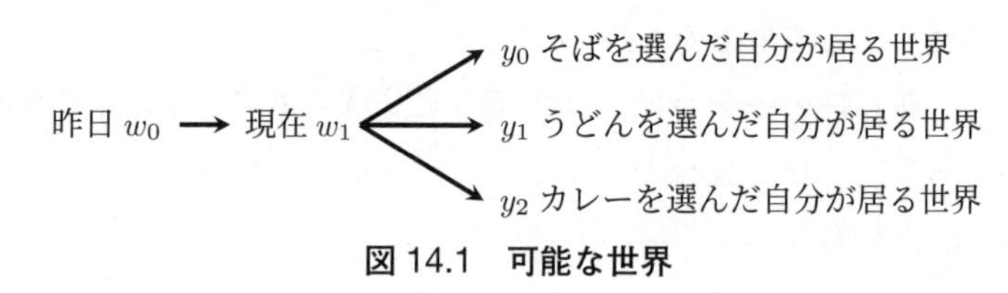

図 14.1　可能な世界

この世界を利用して，直観主義論理のモデルの定義を完成させよう。

定義 14.1（直観主義論理のモデル）　P が n 項述語記号とする。また，個体名 $a_1, \cdots, a_n$ があるとする。モデル $\mathcal{M}$ と世界 w において，$Pa_1 \cdots a_n$ が真であるとは，

$$\langle v_w(a_1), \cdots, v_w(a_n) \rangle \in v_w(P)$$

が成り立つことであり，このとき $\mathcal{M}, w \Vdash Pa_1, \cdots, a_n$ と書く。

- P が，原子命題 A のとき
  - $v_w(A) = 1$ とは，世界 w で A が真であると証明されたという意味とする。

    - ○ $v_w(\neg A) = 1$ とは，$\neg A$ が真である，つまり，A が偽であると証明されたということになる。
    - ○ $v_w(A) = 0$ は，まだその証明が得られていない状態となる。

- $v_w(A) = 1$ であるならば，$w \leq y$ なるどんな y についても，$v_y(A) = 1$ である。
  - ▶ ある時点で A が真であると証明されたら，未来永劫，それは覆らない。
- $v_w(A \wedge B) = 1 \iff v_w(A) = 1$ かつ $v_w(B) = 1$
  - ▶ 世界 w の時点で，$A \wedge B$ が真であるとは，A も B も真であると示されていることとする。
- $v_w(A \vee B) = 1 \iff v_w(A) = 1$ と $v_w(B) = 1$ のうち，少なくとも片方が成り立つ
  - ▶ 世界 w の時点で，$A \vee B$ が真であるとは，A か B の少なくとも片方が真であると示されていることとする。
- $v_w(A \longrightarrow B) = 1 \iff w \leq y$ なるすべての y について，「$v_y(A) = 0$ 」か「$v_w(B) = 1$」のうち，少なくとも片方が成り立つ
  - ▶ 現時点から未来にむけて，「A が真である証明は得られない。あるいは，B が真である証明が得られている」のどちらか。
- $v_w(\neg A) = 1 \iff w \leq y$ なるすべての y について，「$v_y(A) = 0$」が成り立つ
  - ▶ 現時点から未来にむけて，A が真であると証明されることはない。

このように付値を定義すると，$v_w(P \vee \neg P)$ の付値は，P が真であると証明されるか，P が真であると未来永劫に証明されることはない（証明不可能）かの，いずれかの場合でないと 1 にならない。したがって，

証明が具体的に与えられているか，証明不可能のどちらかでない限り，$v_w(P \vee \neg P) = 0$ となり，排中律が成り立たなくなる。(二重否定の除去についても同様に説明できる。)

14.3 線型論理

線型論理は，1987年にジャン＝イヴ・ジラールによって提案された論理である。ここでは，その考え方の特徴を述べる。

14.3.1 資源とは

たとえば,「100円を消費して，コーヒーを買えます」が真であり,「100円を消費して，ジュースを買えます」も真であったとしよう。このとき,「100円を消費して，コーヒーを買えます，かつ，ジュースも買えます」は真である。しかし,「100円を消費して，コーヒーとジュースの両方を買えます」は真ではない。コーヒーを買ってしまうと，100円は消費されてしまい，ジュースに支払うことができなくなってしまうからである。

このような事態になるのは,「かつ」という言葉の意味が雑すぎるからである。線型論理は，前提，結論の命題を資源と捉え，推論によって，その資源が結びつくという論理的な公理を要請する論理体系である。そのために,「かつ」や「または」の定義をやり直すことになる。

14.3.2 線型論理の定義

ここでは，厳密な定義は専門書に譲ることにし，古典論理との違いがわかりやすい例を述べる。

日本語で会話しているときの「100円を消費して，コーヒーを買えます，かつ，ジュースも買えます」の「かつ」は,「100円を消費して，コーヒーを買えます」そして,「100円を消費して，ジュースを買えます」の両方が成立するときであるが，両方とも使ってしまうには 100 円が足りないことになる。

このような，資源を意識したときの「かつ」を，本書の線型論理では，2 種類の論理記号「&」「⊗」を用いる。（以下，便宜上，「100 円を消費して」を「100 円」と，「コーヒーを買えます」を「コーヒー」と書く。）

加法的「かつ」	100 円 $\longrightarrow$ コーヒー $\otimes$ ジュース	真でない
	200 円 $\longrightarrow$ コーヒー $\otimes$ ジュース	真
乗法的「かつ」	100 円 $\longrightarrow$ コーヒー $\&$ ジュース	真
	200 円 $\longrightarrow$ コーヒー $\&$ ジュース	真でない

「または」についても，同様の区別が発生する。たとえば，「100 円，または 10 ポイントで，紅茶 1 本プレゼント」という文の「または」は，両方が成立すると紅茶 1 つでは資源が残ってしまう。そこで，「かつ」と同じように，2 種類の論理記号「⊕」「⅋」を用いる。

加法的「または」	100 円 $\oplus$ 10 ポイント $\longrightarrow$ 紅茶 1 本	真
	100 円 $\oplus$ 10 ポイント $\longrightarrow$ 紅茶 2 本	真でない
乗法的「または」	100 円 $\parr$ 10 ポイント $\longrightarrow$ 紅茶 1 本	真でない
	100 円 $\parr$ 10 ポイント $\longrightarrow$ 紅茶 2 本	真

この他にも，A を命題とするとき，A を前提に何個利用するのか，A を結論に何個出力するのかということも，線型論理で記述することができる。

14.3.3 線型論理の豊富な表現力

線型論理は，このように資源を意識した論理であるが，じつは，古典論理も，直観主義論理も，線型論理で模倣できる。

- 古典論理の命題 P が与えられたとき，一定の手順で線型論理の

式 $P^{☆}$ を作ることができ，以下の関係が成立する。

「古典論理で P が真」と「線型論理で $P^{☆}$ が真」が同値

- 直観主義論理の命題 Q が与えられたとき，一定の手順で線型論理の式 $Q^{\star}$ を作ることができ，以下の関係が成立する。

「直観主義論理で Q が真」と「線型論理で $Q^{\star}$ が真」が同値

このように線型論理は，古典論理や直観主義論理を表現できる豊かな論理であり，論理学の研究において，重要な位置づけをされている。

14.4 論理型プログラミング・自動定理証明

14.4.1 Prolog のプログラム

コンピュータは，数をビット列で表し，数の計算をビット列の論理計算で表現するなど，論理学の成果を利用した機械であるが，プログラミングにおいても，論理型プログラミング言語と呼ばれる言語がある。その代表例である Prolog について述べる。

命題 $H, B_1, \cdots, B_n$ に対して，論理式 $B_1 \wedge \cdots \wedge B_n \longrightarrow H$ を，Prolog ではホーン節と呼ぶ。そして，成立している命題をホーン節の形にして，それぞれを次の 1 行で表す。

```
H :- B1 , … , Bn
```

このホーン節には，変数を含む記述が許される。そして，十分にプログラムを記述（ホーン節を入力）した時点でプログラミングは終了する。

そのあと，このプログラムで使用された変数を X とするとき，Prolog に対して，変数を含んだ問い合わせを行うと，入力されたホーン節がすべて真となるような変数の値を列挙する。これがプログラムの実行となる。このとき，左の B1 から順に評価を行いながら右の式を評価していく。

もし，右のどこかで失敗したときは 1 つ左の論理式に戻り，他の解がないかを調べていく。また， ! の評価をすることになったあと，右側で解が求まらないという状況になったときは，！の左の式には戻らないで下の式に移動する。この！のことをカット(cut)と呼ぶ。

14.4.2 Prolog のプログラミングの実際

ここでは，無料の Prolog のひとつである GNU Prolog を利用して，偶数(even number)を列挙するプログラムを示す。

起動すると，次の表示が得られる。

```
| ?-
```

そこで，[user]. と入力して，Enter を押す。

```
| ?- [user].
```

このようにすると，プログラムの入力画面になる。

```
| ?- [user].
compiling user for byte code...
```

そこで，次の 2 行のプログラムを入力する。

```
even(0).
even(s(s(X))) :- even(X).
```

このプログラムの意味は，次のとおりである。

- まず，$s(X)$ は，X の次の数，つまり $X+1$ のこととする。
- even(0) は真である。すなわち，0 は偶数である。
- even(X)⟶even$(s(s(X)))$ は真である。すなわち，X が偶数ならば，$s(s(X))$ は偶数である。

入力が終わったら，最後に Control キーを押しながら d のキーを押すと，プログラムの入力が終了し，起動直後と同じ入力待ち状態になる。

```
| ?-
```

次に，プログラムを動作させてみる。次のとおりに入力する。

```
| ?- even(X).
```

その後，Enter を押してみると，次の表示が得られる。

```
X = 0 ?  ; (here the user presses ; to
compute another solution)
```

これは，X として，$X = 0$ が 1 つの解であると示している。これで満足するなら，そのまま Enter を押す。満足できない場合は，;（セミコロン）を押すと，次の表示を得る。

```
X = s(s(0)) ?  ; (here the user presses ; to
compute another solution)
```

つまり，$X = s(s(0))$ が解であることを示している，ということになる。満足が得られる結果になるまで，；（セミコロン）を押していけばよい。

GNU Prolog は，`halt.` を入力すると終了する。

14.4.3 やや複雑な Prolog のプログラム

ここでは，やや複雑な Prolog のプログラムを考える。第 3 章で取り上げた格子モデルの 1 つ（図 14.2）を利用して，図形が左側にあるのかどうかを判定するプログラムを作成する。まずは言葉の定義を行う。

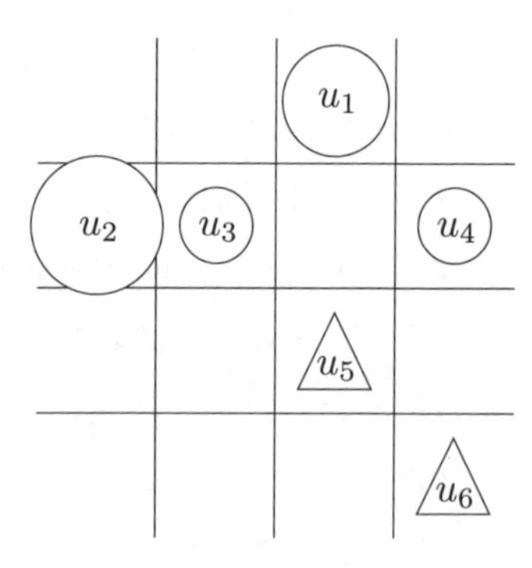

図 14.2　格子モデル $\mathcal{M}_4$

左隣　`justleft` すぐ左の格子にあるときに書く。上下は無関係。たとえば，u_2 は u_3 の左隣にある。

左側　leftside 間に他の格子があるかもしれない。たとえば，u_2 は u_1 の左側にある。

また，左側であることを妥当に推論するのは，次の式である。

- X が Y の左側にあるとは，X が Z の左隣にあって，Z が Y の左側にあるとき。
- X が Y の左側にあるとは，X が Y の左隣にあるとき。

以上の関係を，プログラムに記述しておく。次のプログラム test123.pl を，テキストファイルとして作成する。

```
justleft(u2, u3).
justleft(u3, u1).
justleft(u3, u5).
justleft(u1, u4).
justleft(u5, u4).
justleft(u1, u6).
justleft(u5, u6).

leftside(X, Y) :- justleft(X, Z), leftside(Z, Y).
leftside(X, Y) :- justleft(X, Y).
```

GNU Prolog を起動して，読み込ませる。

```
GNU Prolog 1.5.0 (64 bits)
Compiled Feb 20 2023, 09:09:11 with cc
Copyright (C) 1999-2023 Daniel Diaz

| ?- [test123].
compiling test123.pl for byte code...
test123.pl compiled, 10 lines read - 1010 bytes written,
3 ms

yes
| ?-
```

これを読み込ませた状態で，「X が u_1 の左にあります。」という質問を送ってみると次のように動作する。

```
| ?- leftside(X,u1).
X = u2 ?  ;
X = u3 ?  ;

no
| ?-
```

最初に $X = u_2$ が表示され，そこでキーボードから ;（セミコロン）を入力すると，$X = u_3$ が表示される。再び，キーボードから ;（セミコロン）を入力すると，no が表示され，他に存在しないことが示される。

このプログラムに，「上隣」「上側」を表す述語の定義 justabove と avobeside，実際のモデルを追加し，「X が u_4 の左にあり，X が u_4 の上にあります。」という質問を送ってみると次のように動作する。

```
| ?- leftside(X,u4),aboveside(X,u4).

X = u1 ?  ;
no
| ?-
```

u_4 の右側で上側にあるものは，図 14.2 を見ると，確かに u_1 しかない。

このように，Prolog は，与えられた論理式（ホーン節）を真であると仮定し，利用者の問いに対して，正しいか正しくないかの判定をしたり，正しくなるように具体的な値を列挙することができる。

14.4.4 Prolog の応用

Prolog は，既に述べたように，正しい述語をプログラムとして入力することで，変数の値を自動的に求めたり，あるいは，全体として矛盾するかしないかの判定を行うことができる。そこで，人間が持つ知識をすべて述語論理で記述すれば，Prolog を利用して，さまざまな知的な処理を行うことができる。

1980 年代，人工知能が話題になった。人工知能は，人間の代わりに多くの知識を利用し，適切な判断を行う情報システムである。そこで，Prolog

が注目された。1982 年，日本では新世代コンピュータ開発機構(ICOT)が発足し，専門家の知識を利用して推論を行う「エキスパートシステム」と呼ばれる人工知能の一種を，Prolog を利用して構築する試みが始まった。ICOT は，Prolog を改良して並列推論を行えるようにした KL1 という言語・処理系を開発した。だが,「人工知能」と呼ぶにふさわしいシステムは完成されなかった。

これは，当時はコンピュータの処理速度が遅かったことともに，

- 専門家の知識を，Prolog のプログラムとして記述することが難しかった
- 専門家は，暗黙の前提の上で知識を述べるため，完全な記述をすることができなかった
- 扱う対象の名前と，現実の対象の関係をシステムが記述できていなかった

という問題があったことが原因であると総括されている。この状況は,「知識のボトルネック」と呼ばれている。

14.4.5 自動定理証明

自動定理証明とは，数学の命題を入力して，その命題が真であれば証明を出力し，偽であれば，そのことを示す手順（プログラム，アルゴリズム）のことである。論理学が発生してから，多くの論理学者は,「真となる記述」の特徴を追い求めると共に，その証明の方法についても研究を行ってきた。(歴史については，本書第 15 章で詳説する。)

数学的な課題の証明を，手順的な方法で得ることができるかどうかという研究は，1920 年代には一定の成果を見せ始めていたが，コンピュータが実用化した 1950 年代以降，実際に定理を証明する自動定理証明システムの研究が始まった。たとえば，1984 年には SYSTEM5（匿名の数学

者の連名）により，CLC という論理体系が定義され，当時のパソコンでも動作する自動証明定理プログラムが作成された。

やがて，1990 年代になると，簡単な非論理公理と論理公理からなる体系であれば，真の命題の証明を得ることができるようになった。

当初，自動定理証明システムは，単なる数学の定理の証明，言い換えるなら，数学文化の中の学術的な活動に過ぎなかった。だが，2000 年代に入ると，信号システムに代表される「プログラムが正しく動くのかを客観的に証明する検証」に用いられるようになり，実用的なシステムとして発展した。

参考文献

[1] 大西 琢朗『論理学 (3STEP シリーズ)』(昭和堂, 2021 年)
[2] SYSTEM5「論理体系 CLC」(数学セミナー, 1985 年 12 月号)

演習問題 14

1. ブール代数において，排他的論理和 $X \oplus Y$ を，否定ブール積のみを用いて表しなさい。

2. X_0, X_1, X_2 のみからなるブール式 $f(X_0, X_1, X_2)$ がある。f の中身はわからないとする。このとき，次の 2 つの条件を共に満たすブール式 g を作る方法を考えなさい。

(i)　X_0, X_1, X_2 の真偽のすべての組み合わせに対して，$f(X_0, X_1, X_2)$ と $g(X_0, X_1, X_2)$ の真偽が一致する。

(ii)　$g(X_0, X_1, X_2)$ は，「いくつかのブール積」のブール和になっている。(これを，積和標準形という。)

3. 数 X を 2 ビットで表すとき，$X = X_1X_0$ のように書くとする。たとえば，$X = 2$ のときは，$X_1 = 1$, $X_0 = 0$ である。この書き方をする前提で，$Z = X + Y$ のとき，Z_2, Z_1, Z_0 のぞれぞれを，X_1, X_0, Y_1, Y_0 で表しなさい。

4. 直観主義論理で P が真であるならば，古典論理においても P が真となることを証明しなさい。

5. 日常生活における「かつ」「または」は，線型論理の「$\oplus$」「$⅋$」「$\otimes$」「&」のどれと同等か。日常生活のいろいろな「かつ」「または」を探して，考察しなさい。

6. 本書の Prolog のプログラム `test123.pl` に `justabove` と `aboveside` での記述を追加し，`leftside(X,u4),aboveside(X,u4).` が正しく動作することを確認しなさい。

15 論理学の歴史

村上祐子

《目標＆ポイント》一階述語論理に至る論理学の歴史を概観する。
《キーワード》推論，数学の危機，論理学の形式化

世の中のすべてを記述できて，その情報を推論する機械があれば，私たちは考えを進める際に間違わずにいられるのではないか。こんな大昔からの夢は近年の自動推論の先駆となるものであり，その夢に近づいていこうとした営みが論理学という研究分野の歴史的な流れである。論理学は基礎理論として，今をときめく人工知能の理論を支えている。さらにこの夢のようなビジョンは，それから何百年もたって，それから論理学の理論を数学の言語を用いて表現することによって，この授業で学んでいるような論理体系のような姿になった。

15.1 前史

15.1.1 哲学の一翼としての論理学の勃興

哲学の中では論理学は議論の正しさの学と位置づけられてきた。論理学は西洋ではギリシャ，東洋ではインドから，それぞれ哲学の一部として発展した。ギリシャではアリストテレスが「分析論」で言葉の使い方，とくに思考を進める推論の正しい使い方とはどのようなものかを三段論法としてまとめ上げた。

ギリシャ哲学をはじめとする学術研究は西欧世界の政治的混乱のためにいったん西欧では途絶えた。それを保存し，さらに発展させながら後

世に伝えたのがアラブ世界だった。アラブ世界は当時の学術の中心であり，インドからゼロの概念を移入して代数学をはじめとする数学や科学を発達させていった。アラブ論理学もその文脈の中で，アリストテレスの著作への注釈などギリシャの論理学研究とイスラム思想を踏まえて独自の展開を進めた。

一方，東洋では 3 世紀にナーガールジュナ（龍樹）が空の思想を展開する際に，とりわけ因果をめぐる論争における論拠のありかたを概念的に整理していった。

12 世紀以降，論理学はほかの学術と同様にアラブ世界からヨーロッパに再び移入され，スコラ神学議論の正確さを評価するために援用されて展開した。神学が論理学の理論化の根本的な動機づけとなったのは，実際に手に触れることができない神や天使についての議論を正確に進めていくためには，論理学の理論による正当化が必要だったからだ。したがって，論争や推論の途中で誤謬に陥らないようにするには，どのような条件を満たせばいいのか，心得ていなければならないと考えられた。ヨーロッパ中世の教育課程では，専門学科である神学・法学・医学を学ぶ以前のカリキュラムに位置づけられる自由七科の中に論理学がおかれていた。文法・修辞学と論理学を学んで，言葉を正しく扱うことができなければ議論をする資格がないと考えられていたのだ。

そのような制度化されたスコラ論理学のほか，13 世紀カタロニアのレイモンド・ルルスはカバラなどの神秘思想を踏まえながら確実な情報操作の術を求めて「記憶術」を提案した。

またゴッドフリート・ライプニッツは人間の認識や神についての思想を発展させる際に論理学理論も同時に展開した。同時期のルネ・デカルトも真理や存在の根拠を探究する中で，幾何学を命題の正しさを保証する模範的方法とみなした。

このようなヨーロッパ中世から近世に至る学術観は，現在私たちが考えるような個別の学術分野が存在するといった学術の見方とは異なっているのに留意しよう。とくに数学に対する考え方は大きく違っていた。数学の正しさ，特に幾何学について，ユークリッド幾何学の公準の正しさは人間の直観に基づき，そこから推論を組み立てた証明で得られる定理の正しさは公準の正しさに加えて推論の正しさによると考えられていた。たとえば２本の直線が平行であれば交わらないという公準（平行線公理）は無批判に受け入れられていた。

15.1.2 数学の発達と数学の危機

数学研究が発展してそれまでの理論の拡張が考えられるようになるにつれて，18 世紀頃からは直観に基づく数学の正しさに疑念を呈する数学者が現れるようになり，19 世紀には平行線公理と矛盾するような新たな公理を導入しても幾何学が成立することがわかった。たとえば，「２本の平行な直線は２点で交わる」という公理をもつ球面幾何学や，「直線の外にある点を通り，元の直線に平行な直線が無限個存在する」という公理をもつ双極面上の幾何学をそれぞれ展開することができる。さらに 19 世紀半ばには解析学やその基盤をなす集合論においても，関数の連続や微分可能性が直観では把握できないことがワイエルシュトラス関数やカントール集合の例で明らかにされた。このような 19 世紀に現れた混迷を，**数学の危機**という。

一方で 19 世紀には数学の対象を厳密に記述するため，代数的手法を用いて自然数や実数の構造の厳密化に向けた取り組みが進んだ。ジョージ・ブールが提案した０と１だけからなるミニマルなブール代数は集合演算を表現する。ジュゼッペ・ペアノは自然数の全体を特性づける公理をもつペアノ算術を提案した。リヒャルト・デテキントは，実数の構造を公理的に規定するため，切断と言うツールを導入した。

15.2 数学の危機への対処としての論理学の数理化

前節で述べたように，数学の危機に対処するために，19 世紀後半から 20 世紀前半にかけて数学者たちが求めたのは，数学的直観に頼らずに数学の正しさを保証する数学的方法だった。この考え方のもとに，論理学を哲学から数学に輸入して，数学的直観を排除しながら数学の推論の構造や公理や定義の正しさを問おうとしたのだ。つまり論理体系は数学的構造を記述し共有する共通基盤として導入されたといえる。したがって，情報学の観点から言えば論理学の歴史については，この授業で扱った一階述語論理の確立が一時代を画す。プログラミング言語の基盤をなす数理論理学が発達し始めたのは 20 世紀初頭からと考えても差し支えないだろう。

15.2.1 数学者の論理と哲学者の論理

やや時代を遡るが，フレーゲは高階論理も織り込んで日常言語や数学を記述可能な「概念記法」を提案した。意味と記号の二つの体系を整理することで，この世界に関する記述に意味を与えるメカニズムにモデルを与えようとしたのだ。しかしラッセルはこの提案を退け，その代わりに世紀初頭に数学的推論の形式化に関してホワイトヘッドとの共著「プリンキピア・マテマティカ」で一階述語論理を提示した。ここで注目しなければいけないのはラッセルが「ラッセルのパラドックス」を回避するためメタ言語と対象言語の区別を用意したことだ。この区別はタイプ理論に発展し，タイプとして証明のプロセスをとらえていくという考え方が展開されていった。その延長にあるラムダ計算ではどの関数のどの変数がその時点での操作対象なのか，推論手続をステップごとに明らかにしながら計算を進めていく。この考え方に基づいて LISP などの関数型計算機言語が開発された。

これに対して哲学の側で論理学に取り組んできた人々は，それまで日常言語で私たちが正しいと考える推論を考察してきたので，一階述語論理は私たちが言語を使うときの直観とはそぐわないと考え，代替案の提示を求めた。この授業で学んできたように，一階述語論理でモデル化された推論は日常的な言語活動における推論のモデルではない。しかも，私たちが日常的に推論する際には前提が必ずしもすべて明示されているとは限らない。表立って語られていることだけから一階述語論理を使って論理的に導かれることは，日常推論で導かれることとはずれる。私たちの日常推論は価値評価や時制のような一階述語論理だけではうまく記述できないような豊かな語彙に基づいているのだ。

さらに言えば数学を表現する形式言語としても，一階述語論理では不足する。数理論理学で記述しようとしたこと，すなわち数学の推論の数理的なモデルとして展開されたのが一階述語論理ではあるが，これだけでは数学は展開できない。数学を展開するためにはさらに数学特有の構造を表す語彙が必要となるし，推論に関して数学的帰納法のような道具立ても必要になる。さらに「すべての関数」といった表現が必要になるが，これは高階述語論理でなければ表現できない。このような道具立ての精密化・拡大の必要性から，逆に道具立ての相対性，すなわち特定の範囲で認められた推論手続による計算という考え方が生まれていった。

しかしこの時代には哲学者たちの批判は数学者にとっては的外れのものと考えられた。なぜならば数学の危機に対処しようとしている数学者がやりたかったのはあくまでも数学的な推論の形式化による数学研究の基盤整備であり，別に日常言語について何かしたかったわけではなかったのだ。現在の視点から見れば私たちが物を考えると言ったものの正しさを評価しようとするときには必ずしも数学的なものの考え方だけに従ってるわけではない。むしろ哲学者がやろうとしていたのは人工知能の研究者がやろうとしていること，すなわち私たちが日常的に使う言語による論理的推論を理論化することだった。

現代的に言い換えれば「コンピュータは数学者になれるのか？」というのが 19 世紀から 20 世紀の初頭にかけて数学者のやりたかったことを継続しているプロジェクトとなる。また，「コンピュータは私たちが日常で用いるような仕方で言語や推論を使えるのか？」というのが哲学者がやりたかったこと，そして 20 世紀後半からの研究プログラムである人工知能分野の研究者がやりたいことになる。

物理学者・数学者アンリ・ポワンカレは数学者が数学を展開する際には自由に数学的直観を繰り広げるという直観主義を提示した。ポワンカレの著作は出版後数年で日本語に翻訳され，大正時代の日本で大きな話題となり，京都学派の哲学にも影響を及ぼした。だが，ポワンカレの弟子たちは直観主義を論理で表現し，数学的対象は明示的な手続きで構成可能であるときにのみ存在するという構成主義をすすめた。この構成主義的な数学の考え方も計算機言語の設計思想につながっていく。

15.2.2 ヒルベルトのプログラム

話を 20 世紀初頭に戻そう。ダーフィット・ヒルベルトはすべての数学を論理学の形式的な言語で記述することで，数学を厳密に展開していこうと考えており，もし論理的に破綻したらこのプログラムは失敗することになってしまう。だから，1900 年にパリで開催された国際数学者会議でヒルベルトが 23 個の未解決問題の中には，算術の無矛盾性を論理的に証明できるか？という問題が含まれていた。これに対し「ペアノ算術を含む算術では，その中でその無矛盾性を証明することはできない」と否定的に回答したのがクルト・ゲーデルだった。だがゲーデルの不完全性定理はヒルベルトのプログラムの全面的失敗を意味しているものではなく，数学の定理が必要とする論理の推論力を調べるという逆数学と言われる分野の展開につながっていった。また関数の計算可能性とその計算に必要な計算資源を見積もるのが計算量理論であるが，ここでゲーデルの定理に相当するのが停止問題である。したがって，情報学の理論的基盤は数学の厳密化に由来すると考えてよい。

15.3 日常推論の論理に向けて

一方で，日常言語で行われるような豊かな推論の世界を数理的にモデルしようとさまざまな論理が提案されてきた。ラッセルとホワイトヘッドの「プリンキピア・マテマティカ」に対し，哲学者たちは日常的な言語の論理としては不適であるとして，さまざまな代替提案を行った。その中には，真・偽以外の真理値を持つ多値論理やパラレルワールドを考察できる様相論理などがある。また，ノーム・チョムスキーが提案した生成文法は，言語の文法を数学的に表現しようとする。さらに 20 世紀末になると直観主義論理・多値論理・様相論理・生成文法などを一元的に考察可能な部分構造論理という枠組が提案された。論理演算子には依存しない部分で推論規則に適切な制約を加えると，これらの論理を扱うことができるようになる。

15.4 まとめ

一階述語論理はこれまで提案されてきたいろいろな論理体系の中でも特異な地位を占める。この授業で扱った一階述語論理の完全性証明からわかることは，一階述語論理は完全であるだけではなくてコンパクトである。(コンパクトとは，文の集合にモデルが存在するのであれば，その集合のすべての有限部分集合にモデルが存在し，さらにその逆も言える。) じつはこの二つの性質を併せ持つ論理は非常にまれである。

一方で，プログラミング言語に必要な道具立ては一階述語論理だけでは不足である。少なくとも数学の言語は必要となる。たとえば数学的帰納法なしには再帰計算はできない。また，順番の記述や個数は工夫すればできなくもないが，大変煩雑になるので，あらかじめ導入した形式言語を用いるのが現在では普通である。

すなわち，一階述語論理はあくまでも現代論理学を学ぶスタート地点である。このあと学習を進めるにあたって，参考となる文献をあげた。現在では入手困難なものもあるが，放送大学附属図書館をはじめとする多くの図書館に所蔵されているので，機会を見て一読を勧める。

参考文献

[1] 照井一成『コンピュータは数学者になれるのか？』(青土社，2015 年)
[2] ジョン・スティルウェル (著)，田中一之 (監訳)『逆数学 定理から公理を「証明」する』(森北出版，2019 年)
[3] 田中一之 (編)『ゲーデルと 20 世紀の論理学』【全 4 巻】(東京大学出版会，2006 年・2007 年)
[4] トルケル・フランセーン『ゲーデルの定理 — 利用と誤用の不完全ガイド』(みすず書房，2011 年)
[5] 菊池誠『不完全性定理』(共立出版，2014 年)

演習問題 解答

【第 1 章】

1. (1) 前提　(2) 結論　(3) 命題　(4) 妥当　(5) 偽　(6) 議論
(7) 論争　(8) 学問　(9) 経験　(10) 反証

【第 2 章】

1. (1) 式ではない：C は 1 項述語記号なので Cab が式にならない。
(2) 式である。
(3) 式ではない：∧ の左に何らかの式が必要。たとえば Pa ∧ (Ca ∨ Tb) のように。
(4) 式である。
(5) 式である。
(6) 式ではない：∀ の右に何らかの変項が必要。たとえば ∀xS′xy のように。
(7) 式である：y が Ma → Mc のなかに現れなくとも，式の定義は満たしている。
(8) 式ではない：∨∃zIaxz が式ではない。

2. (1)

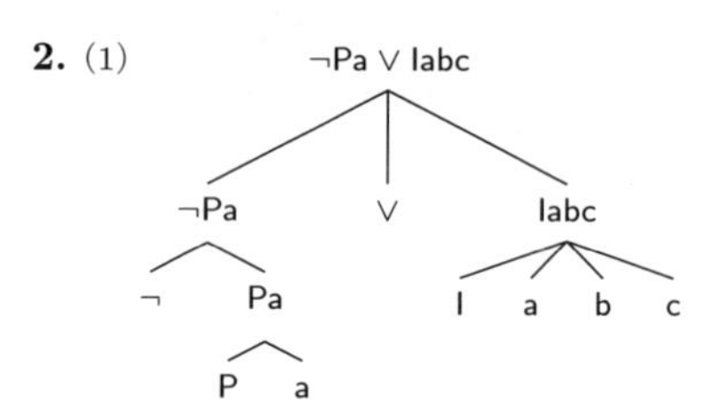

(2)

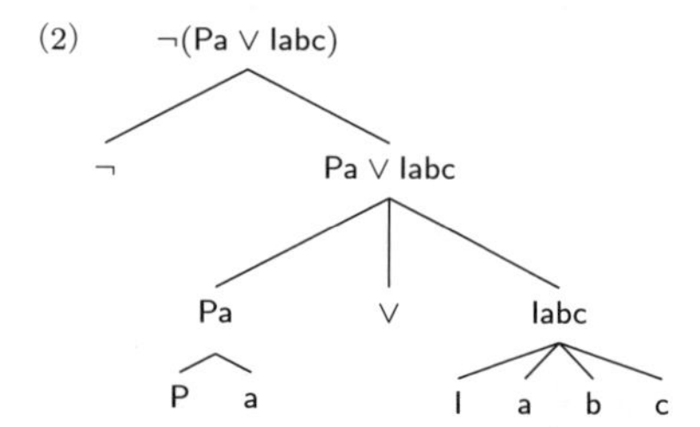

(3)

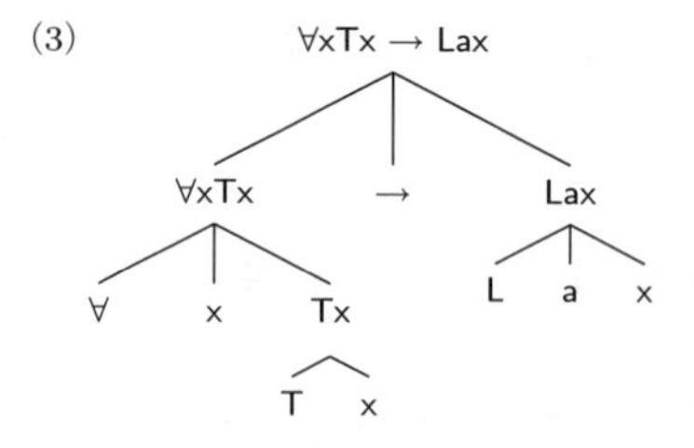

(4)

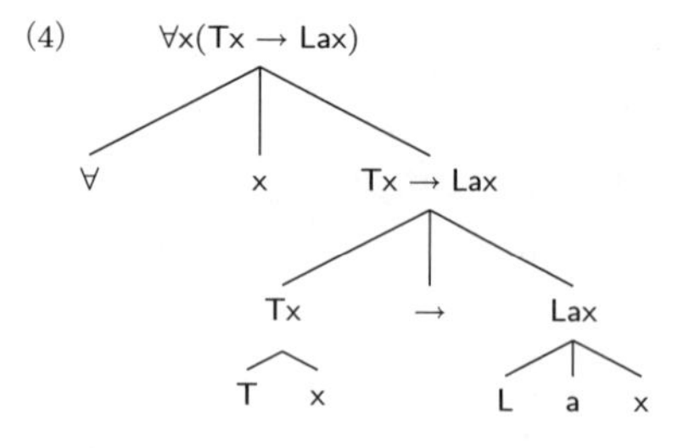

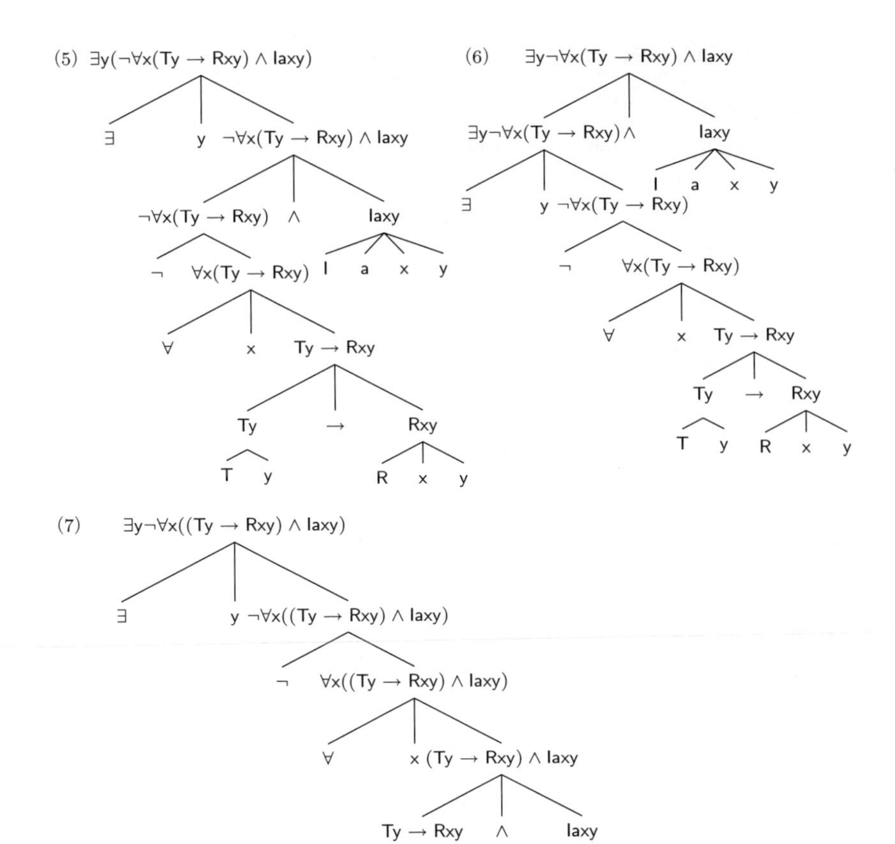
(5) ∃y(¬∀x(Ty → Rxy) ∧ Iaxy)
∃
y
¬∀x(Ty → Rxy) ∧ Iaxy
¬∀x(Ty → Rxy)
∧
Iaxy
¬
∀x(Ty → Rxy)
I
a
x
y
∀
x
Ty → Rxy
Ty
→
Rxy
T
y
R
x
y
(6) ∃y¬∀x(Ty → Rxy) ∧ Iaxy
∃y¬∀x(Ty → Rxy) ∧
Iaxy
I
a
x
y
∃
y
¬∀x(Ty → Rxy)
¬
∀x(Ty → Rxy)
∀
x
Ty → Rxy
Ty
→
Rxy
T
y
R
x
y
(7) ∃y¬∀x((Ty → Rxy) ∧ Iaxy)
∃
y
¬∀x((Ty → Rxy) ∧ Iaxy)
¬
∀x((Ty → Rxy) ∧ Iaxy)
∀
x
(Ty → Rxy) ∧ Iaxy
Ty → Rxy
∧
Iaxy
Ty
→
Rxy
I
a
x
y
T
y
R
x
y

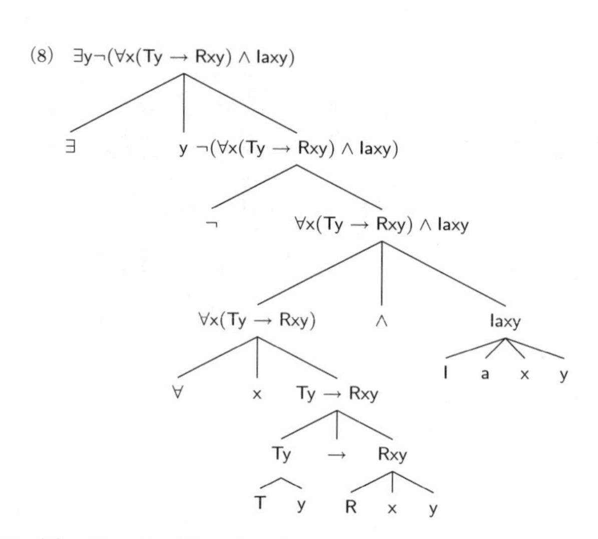

3. (1) $(\mathsf{Py} \land \mathsf{Ixyz})^{\mathsf{y}}_{\mathsf{a}} = \mathsf{Pa} \land \mathsf{Ixaz}$

(2) $(\forall \mathsf{xH'xa} \land \mathsf{Hx})^{\mathsf{x}}_{\mathsf{b}} = \forall \mathsf{xH'xa} \land \mathsf{Hb}$

(3) $(\mathsf{Rxx})^{\mathsf{x}}_{\mathsf{a}} = \mathsf{Raa}$

(4) $(\exists \mathsf{y}((\mathsf{Sy} \to \mathsf{Vxy}) \land \forall \mathsf{xIxxa}))^{\mathsf{x}}_{\mathsf{a}} = \exists \mathsf{y}((\mathsf{Sy} \to \mathsf{Vay}) \land \forall \mathsf{xIxxa})$

4. (1) 閉じた式である。

(2) 閉じていない：たとえば ∀y∃xLxy とすればよい。

(3) 閉じていない：たとえば ∃y¬S′yy とすればよい。

(4) 閉じていない：たとえば∀z∃y∀x(H′xz → Iyyy), ∀y∃z∀x(H′xz → Iyyy) などとすればよい。カッコの内側で量化記号を使うなら，たとえば∀x(∀zH′xz → ∃yIyyy) など。

(5) 閉じた式である。

(6) 閉じていない：たとえば ∀x(Px → ∀y(Py ∧ Ixxy)), ∀xPx → ∃x∀y(Py ∧ Ixxy) などとすればよい。

【第 3 章】

1. 真なのは(1), (5), (8)。残りはすべて偽。

2. たとえば，個体領域を $U = \{u_1, u_2, u_3\}$ とし，解釈 v を

$$v(\mathsf{a}) = u_1,\ v(\mathsf{b}) = u_2,\ v(\mathsf{c}) = u_3,$$
$$v(\mathsf{I}) = \{\langle u_1, u_2, u_3\rangle\},\ v(\mathsf{L}) = \{\langle u_2, u_3\rangle\},\ v(\mathsf{R}) = \{\langle u_1, u_3\rangle\}$$

とすれば，モデル $\langle U, v\rangle$ において 3 つの命題は真になる。しかし，a が b と c のあいだにあり (Iabc)，b が c の左にある (Lbc) とすれば，2 つのあいだにある a が

c の右にある(Rac)ことはありえない。つまり，この 3 つの命題が真になるような格子モデルを描くことはできない。

3. (2), (3), (5), (6), (7)が真。(1), (4), (8)は偽

4. (1), (2), (3)が偽, (4), (5), (6)が真。

5. (1)-(8)のすべてが真になるとすれば，そのモデルはどのようなかたちをしていないといけないかを考えていく。自分で図を描きながら考えるとよいだろう。

- (1)より，d と b は三角形。また(1)より c は五角形でも三角形でもないので，円である。a の形はまだわからない。
- (2)より，c は d と b のあいだにある。ただしこれだけでは，それらが横一列か，縦一列か，それとも斜めに並んでいるかはわからない。
  - 自明なことだがつけ加えておくと，このことにより，c と d と b はそれぞれ異なる個体であることもわかる。
- (3)は「2 つの三角形の一方が他方の右にあるということはない」。これは言い換えれば「三角形はすべて同じ縦の列に並ぶ」ということである。
  - それゆえ，三角形 d と b は同じ縦列に並んでいる。
  - そしてさらに，c は d と b のあいだにあるのだから，結局，c と d と b の 3 つが，縦一列に並んでいることがわかる。
  - ただし，d と b のどちらが上にあるかはまだわからない。
- (4)より，d は a の上にあり，そして a は b の上にある。
  - この 2 つを合わせると，d は b の上にあることがわかる。
  - ということは，さらに前項と合わせると，縦一列で上から順に d, c, b と並んでいることがわかる。
  - さらに，a は d および b とは異なる個体であることもこれでわかる。
- (5), (6)は大きさにかんする命題。(5)によれば，c はほかのどの図形よりも小さく，同じく(6)によれば，d はほかのどの図形よりも大きい。
  - もし c が中サイズであれば，ほかの 3 つの図形はすべて最大サイズとなり，上の「d はほかのどの図形よりも大きい」に反する。
  - 同様に，もし d が中サイズであれば，ほかの 3 つの図形はすべて最小サイズとなり，上の「c はほかのどの図形よりも小さい」に反する。
  - したがって，c は最小サイズであり，d は最大サイズである。そして，残る 2 つの図形はどちらも中サイズである。
- (7)は「何らかの図形の左に五角形が存在する」なので，次のようなことがわかる。
  - d, c, b は縦一列に並んでいるので，これらのあいだに「左にある」という関係は成立しない。したがって，これらとは別の図形がこれら 3 つの左にあり，さらにそれは五角形であることがわかる。

- (8)は，a が c の下にあるか，上にあるかのどちらかだと言っている。
  - まず，a と c は横一列に並んではいないということがわかる。
  - ということは当たり前だが，a と c は異なる個体であることもわかる。上と合わせて，結局 a, b, c, d はすべて異なる個体であるということになる。
  - すると，a とは，d, c, b の左にある五角形のことだと結論できる。

以上から，たとえば次に挙げたモデル $\mathcal{M}, \mathcal{M}'$ においては，(1)-(8)のすべてが真になることがわかる。ただし，そのようなモデルの候補はこれらだけとはかぎらない。

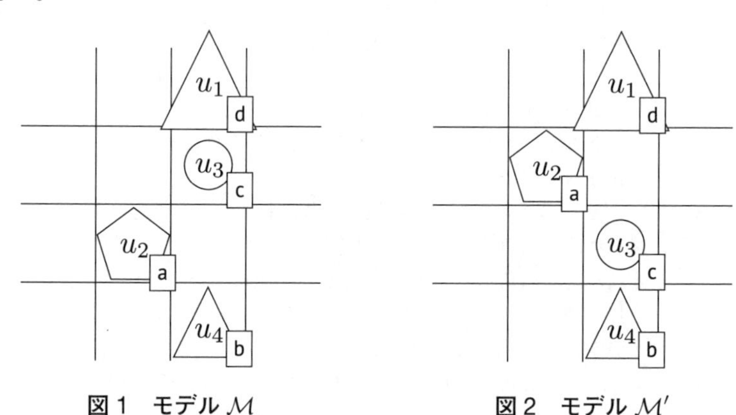

図 1　モデル $\mathcal{M}$　　図 2　モデル $\mathcal{M}'$

6. (1) 2 つの図形が同じ行にあるということは，一方が他方の上にあるわけでも下にあるわけでもないということだから，¬(Vxy ∨ Wxy) あるいは ¬Vxy ∧ ¬Wxy。また，¬Wxy ∧ ¬Wyx でもよい。

(2) 同様に「一方が他方の右にあるわけでも左にあるわけでもない」ということだから，¬(Rxy ∨ Lxy), ¬Rxy ∧ ¬Lxy, ¬(Rxy ∨ Ryx) など。

(3) ¬∃yRyx とすればシンプル。「x 以外のすべての図形は，x よりも左にあるか，x と同じ列にある」と理解するなら，∀y(¬≐xy → (Lyx ∨ ¬(Rxy ∨ Lxy))) となる。

(4) (Px ∧ Py) ∨ ((Tx ∧ Ty) ∨ (Cx ∧ Cy)) あるいは
(Px → Py) ∧ ((Tx → Ty) ∧ (Cx → Cy)) など。

(5) まず「x はもっとも上に位置する」を(3)と同様に「x より上には何もない」と考えると，¬∃yVyx であり，これを(4)と組み合わせて，

$$\neg\exists y\big(((Px \wedge Py) \vee ((Tx \wedge Ty) \vee (Cx \wedge Cy))) \wedge Vyx\big).$$

【第 4 章】

1. (1) 妥当である。格子モデル $\langle U, v\rangle$ においては，任意の個体 u について，

$$u \in v(\mathsf{P}) \text{ または } u \in v(\mathsf{T}) \text{ または } u \in v(\mathsf{C})$$

のいずれかになっているはずである。すなわち，すべての図形は五角形か三角形か円かである。この推論の前提では，a は五角形でも三角形でもないと言われているので，必然的に a は円となる。

(2) 妥当である。前提が主張しているのは「a と b は同じ行，同じ列に位置する」ということである(第 4 章演習問題 6 を参照)。これは，a と b が同じマス目に位置するということである。そして 2 つの別の個体がまったく同じ位置を占めることはできない。

(3) 妥当ではない。a と b が同じ大きさをした 2 つの別の図形だとすると，そのモデルにおいては，1 つめの前提，すなわち「a は b より小さくはない」と，2 つめの前提「a は b より大きくはない」は真になるが，結論は偽になる。

(4) 妥当である。前提によれば「すべての三角形は a より小さい」。ここでもし a が三角形ならば，a は a よりも小さいということになるが，これはありえない。すなわち，格子モデル $\langle U, v\rangle$ においては，任意の個体 u について，

$$\langle u, u\rangle \notin v(\mathsf{S}') \text{ (同様に } \langle u, u\rangle \notin v(\mathsf{H}')\text{)}$$

となっているはずだからである。よって，a は三角形ではない。

(5) 妥当ではない。前提は「a より左には何もない」。結論は「a 以外の図形はすべて a よりも右にある」。ここで，a と同じ縦列にほかの図形があるモデルを考えれば，前提は真になるが，結論は真にならない。

2. いずれも反例モデル $\mathcal{M} = \langle U, v\rangle$ が存在すると仮定し，矛盾を導く。

(1) 結論が偽，すなわち $\mathcal{M} \nVdash (A \vee B) \to C$ だとすれば，$\mathcal{M} \Vdash A \vee B$ かつ $\mathcal{M} \nVdash C$ である。前者より，$\mathcal{M} \Vdash A$ または $\mathcal{M} \Vdash B$ のいずれかである。このうち，$\mathcal{M} \Vdash A$ だとすると，$\mathcal{M} \nVdash C$ と合わせて $\mathcal{M} \nVdash A \to C$ となる。同様に $\mathcal{M} \Vdash B$ のときは $\mathcal{M} \nVdash B \to C$ となり，いずれにせよ $\mathcal{M}$ が反例モデルであるという仮定と矛盾する。

(2) 結論が偽($\mathcal{M} \nVdash \neg A$)とする。このとき $\mathcal{M} \Vdash A$ である。ここで，$\mathcal{M} \Vdash B$ (それゆえ $\mathcal{M} \nVdash \neg B$)であるか，$\mathcal{M} \nVdash B$ であるかのいずれかである。前者の場合，$\mathcal{M} \Vdash A$ と合わせて $\mathcal{M} \nVdash A \to \neg B$ である。後者の場合は，$\mathcal{M} \nVdash A \to B$ である。つまりいずれにせよ，$\mathcal{M}$ が反例モデルであるという仮定と矛盾する。

(3) $\mathcal{M} \nVdash (((A \to B) \to A) \to A)$ とすると，$\mathcal{M} \Vdash (A \to B) \to A$, $\mathcal{M} \nVdash A$ である。ここで，かりに $\mathcal{M} \Vdash A \to B$ だとすると，$\mathcal{M} \nVdash A$ と合わせて，$\mathcal{M} \nVdash (A \to B) \to A$ となり，矛盾である。それゆえ $\mathcal{M} \nVdash A \to B$ である。すなわち $\mathcal{M} \Vdash A$ かつ $\mathcal{M} \nVdash B$ ということだが，これは $\mathcal{M} \nVdash A$ と矛盾する。したがって，$\mathcal{M}$ は反例モデルではありえない。

(4) 前提が真のとき，U の要素 u で $\mathcal{M} \Vdash A^x_{\mathsf{k}_u}$ かつ $\mathcal{M} \Vdash B^x_{\mathsf{k}_u}$ を満たすものが存在する。ここでさらに結論が偽だとすると，$\mathcal{M} \nVdash \exists x A$ または $\mathcal{M} \nVdash \exists x B$ のどちらかである。前者は「A を満たすものは存在しない」，したがって u についても $\mathcal{M} \nVdash A^x_{\mathsf{k}_u}$ となり矛盾する。後者についても同様。それゆえ，反例モデルは存在しない。

(5) 結論が偽だとすると $\mathcal{M} \Vdash \forall x A$ だが $\mathcal{M} \nVdash \forall x B$ である。これは，

　　U のすべての要素 u について，$\mathcal{M} \Vdash A^x_{\mathsf{k}_u}$

　　U のある要素 u_1 で，$\mathcal{M} \nVdash B^x_{\mathsf{k}_1}$ となるものが存在する

ということである。2 つを合わせると，u_1 について $\mathcal{M} \nVdash (A \to B)^x_{\mathsf{k}_1}$ がいえる。それゆえさらに，前提 $\forall x(A \to B)$ はこのモデル $\mathcal{M}$ で偽になることがわかる。これは $\mathcal{M}$ が反例モデルであるという仮定と矛盾する。

3. 量化子記号が関わるもののいくつかにだけ解答を与える。

10) $\forall x D \cong D$ を示す。D についての仮定，すなわち任意の個体名 a について $D^x_a = D$ を踏まえると次が成り立つ。

$$\begin{aligned}\mathcal{M} \Vdash \forall x D &\iff \text{すべての } u \in U \text{ に対して } \mathcal{M} \Vdash D^x_{\mathsf{k}_u}\\ &\iff \text{すべての } u \in U \text{ に対して } \mathcal{M} \Vdash D\\ &\iff \mathcal{M} \Vdash D.\end{aligned}$$

11) $\forall x A \cong \forall y A^x_y$ を示す。まず，任意の個体名 a に対して，$(A^x_y)^y_a = A^x_a$ であることに注意しよう。つまり，変項 x に別の変項 y を代入したあとで a を代入するのと，x に直接 a を代入するのとは同じことである(このことはほんらいは代入の定義から厳密に証明すべきことである)。すると，任意のモデル $\mathcal{M} = \langle U, v \rangle$ において，

$$\begin{aligned}\mathcal{M} \Vdash \forall x A &\iff \text{すべての } u \in U \text{ に対して } \mathcal{M} \Vdash A^x_{\mathsf{k}_u}\\ &\iff \text{すべての } u \in U \text{ に対して } \mathcal{M} \Vdash (A^x_y)^y_{\mathsf{k}_u}\\ &\iff \mathcal{M} \Vdash \forall x A^x_y.\end{aligned}$$

したがって，$\forall x A \cong \forall y A^x_y$ である。

18) $\exists x A \to D \cong \forall x(A \to D)$ を示す。仮定により，任意の個体名 a に対し $D^x_a = D$ であり，したがって $(A \to D)^x_a = A^x_a \to D$ であることに注意しよう。このとき，任意のモデル $\mathcal{M} = \langle U, v \rangle$ において，

$$\begin{aligned}\mathcal{M} \nVdash \exists x A \to D &\iff \mathcal{M} \Vdash \exists x A \text{ かつ } \mathcal{M} \nVdash D\\ &\iff \text{ある } u \in U \text{ に対して } \mathcal{M} \Vdash A^x_{\mathsf{k}_u} \text{ かつ } \mathcal{M} \nVdash D\\ &\iff \text{ある } u \in U \text{ に対して } \mathcal{M} \nVdash A^x_{\mathsf{k}_u} \to D \ (= (A \to D)^x_{\mathsf{k}_u})\\ &\iff \mathcal{M} \nVdash \forall x(A \to D).\end{aligned}$$

したがって，$\exists xA \to D \cong \forall x(A \to D)$ である。

19) $\exists x(A \to B) \cong \forall xA \to \exists xB$ を示す。一般に，A と B が論理的に同値であれば，ある命題 C に部分式として現れている A を B で置き換えた C' は，元の C と論理的に同値であることを用いる。

$$\begin{aligned}\exists x(A \to B) &\cong \exists x(\neg A \vee B) && [9)\ A \to B \cong \neg A \vee B \text{ より}]\\ &\cong \exists x\neg A \vee \exists xB && [14)\ \exists x(A \vee B) \cong \exists xA \vee \exists xB \text{ より}]\\ &\cong \neg\forall xA \vee \exists xB && [16)\ \neg\forall xA \cong \exists x\neg A \text{ より}]\\ &\cong \forall xA \to \exists xB. && [9)\ A \to B \cong \neg A \vee B \text{ より}]\end{aligned}$$

【第 5 章】

1. 図 5.3：（Ⅱ）仮言肯定，（Ⅲ）仮言否定，（Ⅳ）連言否定，（Ⅴ）選言否定
図 5.4：（Ⅱ）仮言否定，（Ⅲ）連言否定，（Ⅳ）選言否定

2. (1) $A \vdash B \to A$

A
$\neg(B \to A)$
B
$\neg A$
$\times$

(2) $A \to (B \to C) \vdash (A \to B) \to (A \to C)$

$A \to (B \to C)$
$\neg((A \to B) \to (A \to C))$
$A \to B$
$\neg(A \to C)$
A
$\neg C$

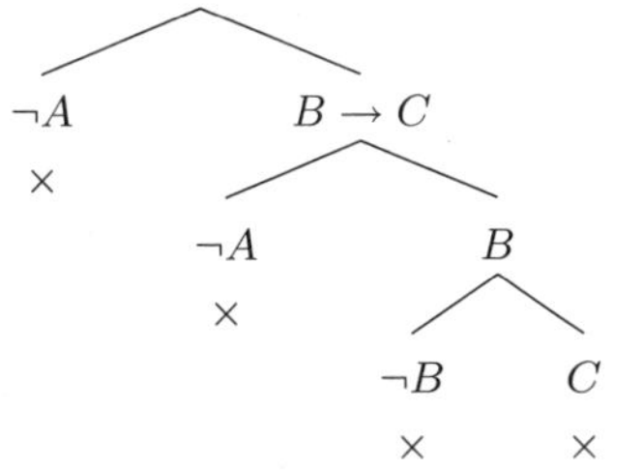

$\neg A$ 　　　　$B \to C$
$\times$ 　　$\neg A$ 　　　B
　　　$\times$ 　$\neg B$ 　C
　　　　　$\times$ 　$\times$

(3) $(A \wedge B) \to C \vdash A \to (B \to C)$

$$(A \wedge B) \to C$$
$$\neg(A \to (B \to C))$$
$$A$$
$$\neg(B \to C)$$
$$B$$
$$\neg C$$
$$\neg(A \wedge B) \qquad\qquad C$$
$$\neg A \qquad \neg B \qquad\qquad \times$$
$$\times \qquad \times$$

(4) $\vdash (A \to B) \vee (B \to C)$

$$\neg((A \to B) \vee (B \to C))$$
$$\neg(A \to B)$$
$$\neg(B \to C)$$
$$A$$
$$\neg B$$
$$B$$
$$\neg C$$
$$\times$$

(5) $A \to (B \to C) \vdash B \to (A \to C)$

$$A \to (B \to C)$$
$$\neg(B \to (A \to C))$$
$$B$$
$$\neg(A \to C)$$
$$A$$
$$\neg C$$
$$\neg A \qquad\qquad B \to C$$
$$\times \qquad\qquad \neg B \qquad C$$
$$\times \qquad \times$$

(6) $A \wedge (B \wedge C) \vdash (A \wedge B) \wedge C$

$$A \wedge (B \wedge C)$$
$$\neg((A \wedge B) \wedge C)$$
$$A$$
$$B \wedge C$$
$$B$$
$$C$$
$$\neg(A \wedge B) \qquad\qquad \neg C$$
$$\neg A \qquad \neg B \qquad\qquad \times$$
$$\times \qquad \times$$

(7) $A \vee (B \vee C) \vdash (A \vee B) \vee C$

$$A \vee (B \vee C)$$
$$\neg((A \vee B) \vee C)$$
$$\neg(A \vee B)$$
$$\neg C$$
$$\neg A$$
$$\neg B$$
$$A \qquad\qquad (B \vee C)$$
$$\times \qquad\qquad B \qquad C$$
$$\times \qquad \times$$

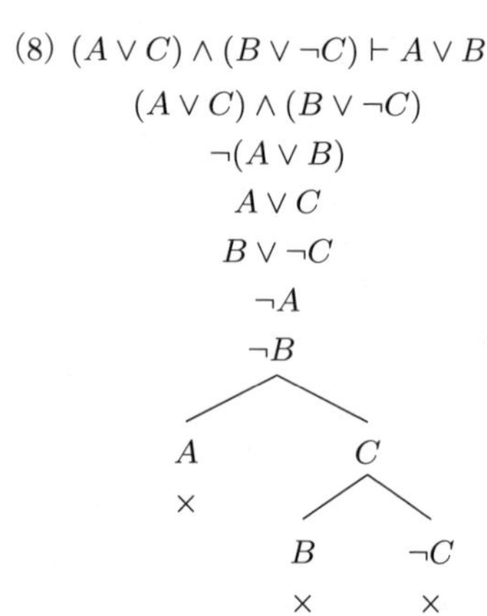

(8) $(A \vee C) \wedge (B \vee \neg C) \vdash A \vee B$

$$(A \vee C) \wedge (B \vee \neg C)$$
$$\neg(A \vee B)$$
$$A \vee C$$
$$B \vee \neg C$$
$$\neg A$$
$$\neg B$$
$$A \qquad\qquad C$$
$$\times \qquad\qquad B \qquad \neg C$$
$$\times \qquad \times$$

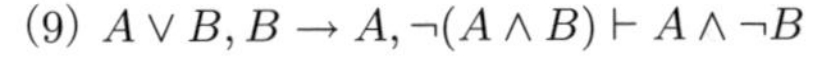

(9) $A \vee B, B \to A, \neg(A \wedge B) \vdash A \wedge \neg B$

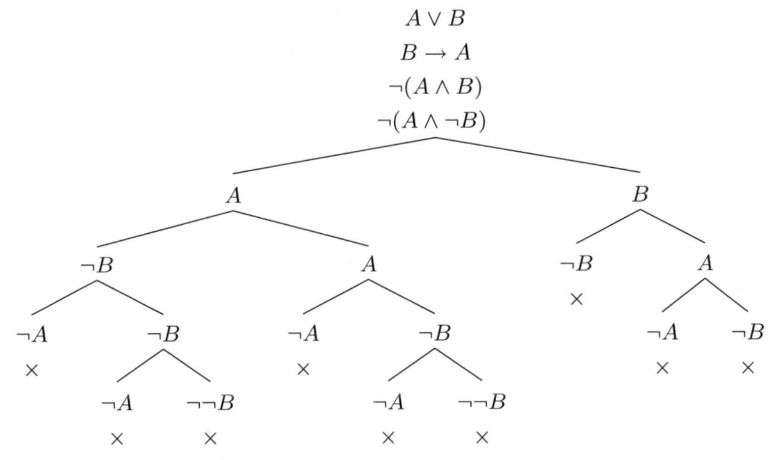

3. (1) $\mathsf{Fa} \to \mathsf{Fb}, \mathsf{Gc} \to \mathsf{Gd} \not\models (\mathsf{Fa} \vee \mathsf{Gc}) \to (\mathsf{Fb} \wedge \mathsf{Gd})$

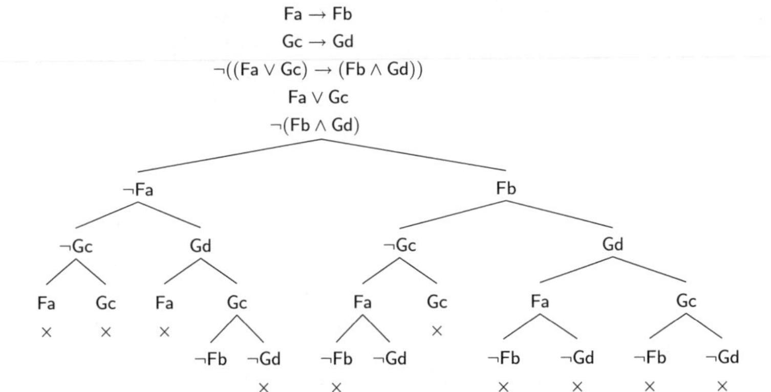

反例モデルはたとえば, $U = \{u_a, u_b, u_c, u_d\}$, $v(\mathsf{a}) = u_a$, $v(\mathsf{b}) = u_b$, $v(\mathsf{c}) = u_c$, $v(\mathsf{d}) = u_d$, $v(\mathsf{F}) = \emptyset$, $v(\mathsf{G}) = \{u_c, u_d\}$ を満たすような $\langle U, v \rangle$。

(2) $\neg(\mathsf{Fa} \to \mathsf{Gb}), \mathsf{Fc} \lor (\mathsf{Gb} \lor \mathsf{Gc}) \not\models \mathsf{Fc} \lor \mathsf{Ga}$

$\neg(\mathsf{Fa} \to \mathsf{Gb})$
$\mathsf{Fc} \lor (\mathsf{Gb} \lor \mathsf{Gc})$
$\neg(\mathsf{Fc} \lor \mathsf{Ga})$
Fa
$\neg\mathsf{Gb}$
$\neg\mathsf{Fc}$
$\neg\mathsf{Ga}$

Fc ×　　$\mathsf{Gb} \lor \mathsf{Gc}$

Gb ×　　Gc

反例モデルはたとえば，$U = \{u_a, u_b, u_c\}$, $v(\mathsf{a}) = u_a$, $v(\mathsf{b}) = u_b$, $v(\mathsf{c}) = u_c$, $v(\mathsf{F}) = \{u_a\}$, $v(\mathsf{G}) = \{u_c\}$ を満たすような $\langle U, v\rangle$。

(3) $(\mathsf{Fa} \land \mathsf{Fb}) \lor \mathsf{Fc} \not\models \mathsf{Fa} \land (\mathsf{Fb} \lor \mathsf{Fc})$

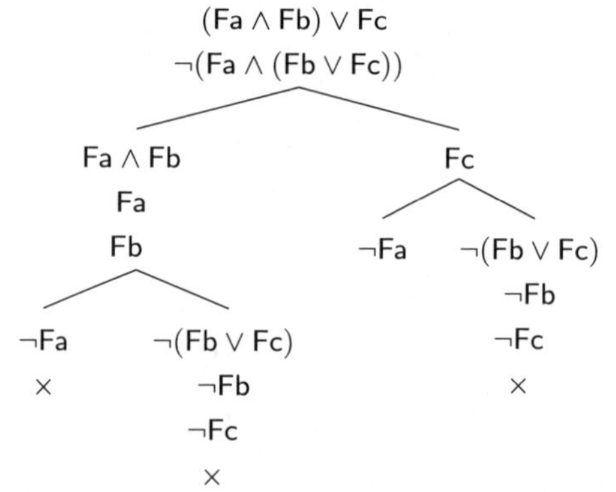

反例モデルはたとえば，$U = \{u_a, u_c\}$, $v(\mathsf{a}) = v(\mathsf{b}) = u_a$, $v(\mathsf{c}) = u_c$, $v(\mathsf{F}) = \{u_c\}$ を満たすような $\langle U, v\rangle$。

(4) $(\mathsf{Fa} \wedge \mathsf{Jc}) \vee (\mathsf{Gb} \wedge \neg \mathsf{Jc}) \not\models \mathsf{Fa} \wedge \mathsf{Gb}$

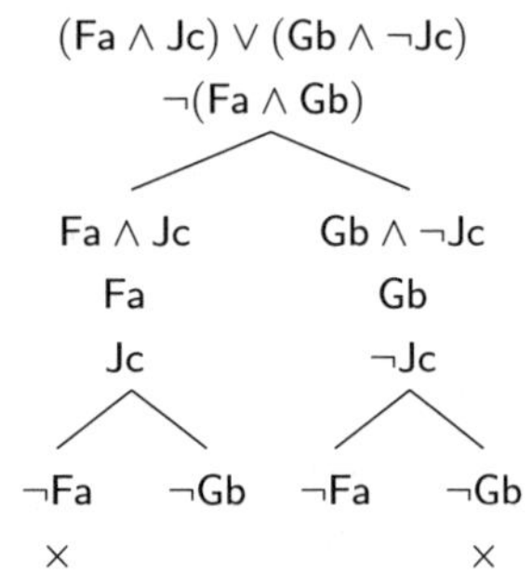

反例モデルはたとえば，$U = \{u_a, u_b, u_c\}$, $v(\mathsf{a}) = u_a$, $v(\mathsf{b}) = u_b$, $v(\mathsf{c}) = u_c$, $v(\mathsf{F}) = \{u_a\}$, $v(\mathsf{G}) = \emptyset$, $v(\mathsf{J}) = \{u_c\}$ を満たすような $\langle U, v \rangle$。

(5) $\mathsf{Fab} \wedge \mathsf{Fbc} \not\models \mathsf{Fac}$

$$\begin{array}{c} \mathsf{Fab} \wedge \mathsf{Fbc} \\ \neg \mathsf{Fac} \\ \mathsf{Fab} \\ \mathsf{Fbc} \end{array}$$

反例モデルはたとえば，$U = \{u_a, u_b, u_c\}, v(\mathsf{a}) = u_a, v(\mathsf{b}) = u_b, v(\mathsf{c}) = u_c, v(\mathsf{F}) = \{\langle u_a, u_b \rangle, \langle u_b, u_c \rangle\}$ を満たすような $\langle U, v \rangle$。

【第 6 章】

1. $\exists \mathsf{x}_1 \exists \mathsf{x}_2 \cdots \exists \mathsf{x}_n \exists \mathsf{y}((\cdots(\mathsf{Fx}_1 \wedge \mathsf{Fx}_2) \wedge \cdots \wedge \mathsf{Fx}_n) \wedge \mathsf{Gy}) \vdash \exists \mathsf{xGx}$ が成り立つことを確かめるために，$\exists \mathsf{x}_1 \exists \mathsf{x}_2 \cdots \exists \mathsf{x}_n \exists \mathsf{y}((\cdots(\mathsf{Fx}_1 \wedge \mathsf{Fx}_2) \wedge \cdots \wedge \mathsf{Fx}_n) \wedge \mathsf{Gy})$ と $\neg \exists \mathsf{xGx}$ からタブローの手続きを開始する。前者に存在肯定の規則を適用することで存在命題 $\exists \mathsf{x}_2 \cdots \exists \mathsf{x}_n \exists \mathsf{y}((\cdots(\mathsf{Fa}_1 \wedge \mathsf{Fx}_2) \wedge \cdots \wedge \mathsf{Fx}_n) \wedge \mathsf{Gy})$ が得られる。これにふたたび存在肯定を適用する。同じ手続きを $n+1$ 回くりかえし適用することで，$((\cdots(\mathsf{Fa}_1 \wedge \mathsf{Fa}_2) \wedge \cdots \wedge \mathsf{Fa}_n) \wedge \mathsf{Gb})$ が得られる。この論理式に連言肯定を適用すると，Gb が得られる。最後に $\neg \exists \mathsf{xGx}$ に存在否定の規則を適用することで ¬Gb が得られる。これまでに適用した規則で分岐は生じていないのでこのタブローには枝は一本しかない。そこに Gb と ¬Gb が現れているので，このタブローは閉じている。

2. (1) $\forall xA \vdash \exists xA$

$$\forall xA$$
$$\neg\exists xA$$
$$A^x_a$$
$$\neg A^x_a$$
$$\times$$

(2) $\forall x\forall yA \vdash \forall y\forall xA$

x と y が同一の変数であるとすると，この推論の前提と結論はまったく同一の命題になるので，この推論がタブローで妥当になることは自明である。したがって x と y は異なる変数であると仮定してもよい。

$$\forall x\forall yA$$
$$\neg\forall y\forall xA$$
$$\neg\forall xA^y_a$$
$$\neg(A^y_a)^x_b$$
$$\forall yA^x_b$$
$$(A^x_b)^y_a$$
$$\times$$

x と y が異なる変数であるとき，$(A^y_a)^x_b$ と $(A^x_b)^y_a$ が同一の命題になることに注意しよう。

(3) $\exists x(A \vee B) \vdash \exists xA \vee \exists xB$

$$\exists x(A \vee B)$$
$$\neg(\exists xA \vee \exists xB)$$
$$A^x_a \vee B^x_a$$
$$\neg\exists xA$$
$$\neg\exists xB$$
$$\neg A^x_a$$
$$\neg B^x_a$$

$$A^x_a \qquad B^x_a$$
$$\times \qquad \times$$

(4) $\forall x(A \vee B) \vdash \forall xA \vee \exists xB$

$$\forall x(A \vee B)$$
$$\neg(\forall xA \vee \exists xB)$$
$$\neg\forall xA$$
$$\neg\exists xB$$
$$\neg A^x_a$$
$$A^x_a \vee B^x_a$$
$$\neg B^x_a$$

$$A^x_a \qquad B^x_a$$
$$\times \qquad \times$$

(5) $\forall xA \wedge \exists xB \vdash \exists x(A \wedge B)$

$$\forall xA \wedge \exists xB$$
$$\neg\exists x(A \wedge B)$$
$$\forall xA$$
$$\exists xB$$
$$B^x_a$$
$$\neg(A^x_a \wedge B^x_a)$$
$$A^x_a$$

左: $\neg A^x_a$ ×　右: $\neg B^x_a$ ×

(6) $\forall x(A \to B), \exists xA \vdash \exists xB$

$$\forall x(A \to B)$$
$$\exists xA$$
$$\neg\exists xB$$
$$A^x_a$$
$$A^x_a \to B^x_a$$
$$\neg B^x_a$$

左: $\neg A^x_a$ ×　右: B^x_a ×

(7) $\vdash \forall x \doteq xx$

$$\neg\forall x \doteq xx$$
$$\neg \doteq aa$$
$$\doteq aa$$
$$\times$$

(8) $\vdash \forall x\exists y \doteq xy$

$$\neg\forall x\exists y \doteq xy$$
$$\neg\exists y \doteq ay$$
$$\neg \doteq aa$$
$$\doteq aa$$
$$\times$$

3. (1) $\not\models \forall x\forall y(\doteq xy)$

$$\neg\forall x\forall y(\doteq xy)$$
$$\neg\forall y(\doteq ay)$$
$$\neg(\doteq ab)$$

反例モデルは個体領域に 2 つの対象が含まれるモデル。

(2) $\not\models \forall x\exists y(\not\doteq xy)$

$$\neg\forall x\exists y(\not\doteq xy)$$
$$\neg\exists y(\not\doteq ay)$$
$$\neg(\not\doteq aa)$$
$$\doteq aa$$

反例モデルは個体領域に 1 つの対象しか含まれないモデル。

(3) $\forall$x(Fx $\vee$ Gx) $\not\models$ $\forall$xFx $\vee$ $\forall$xGx

$\forall$x(Fx $\vee$ Gx)
$\neg$($\forall$xFx $\vee$ $\forall$xGx)
$\neg\forall$xFx
$\neg\forall$xGx
$\neg$Fa
$\neg$Gb
Fa $\vee$ Ga

Fa　　Ga
×　　Fb $\vee$ Gb

Fb　　Gb
　　　×

反例モデルはたとえば$U = \{u_a, u_b\}$, v(a) $= u_a$, v(b) $= u_b$, v(F) $= \{u_b\}$, v(G) $= \{u_a\}$ を満たす $\langle U, v\rangle$。

(4) $\exists$xFx $\wedge$ $\exists$xGx $\not\models$ $\exists$x(Fx $\wedge$ Gx)

$\exists$xFx $\wedge$ $\exists$xGx
$\neg\exists$x(Fx $\wedge$ Gx)
$\exists$xFx
$\exists$xGx
Fa
Gb
$\neg$(Fa $\wedge$ Ga)

$\neg$Fa　　$\neg$Ga
×　　$\neg$(Fb $\wedge$ Gb)

$\neg$Fb　　$\neg$Gb
　　　×

反例モデルはたとえば$U = \{u_a, u_b\}$, v(a) $= u_a$, v(b) $= u_b$, v(F) $= \{u_a\}$, v(G) $= \{u_b\}$ を満たす $\langle U, v\rangle$。

【第 7 章】

1. (1) $\forall$x$\forall$yRxy または $\forall$y$\forall$xRxy
(2) $\exists$y$\forall$xRxy
(3) $\forall$x$\exists$yRxy
(4) $\exists$x$\forall$yRxy
(5) $\exists$x$\forall$y$\neg$Rxy または $\neg\forall$x$\exists$yRxy
(6) $\exists$y$\forall$x$\neg$Rxy または $\neg\forall$y$\exists$xRxy
(7) $\forall$x$\forall$y$\neg$Rxy または $\neg\exists$x$\exists$yRxy

2. (1) $\forall$x$\exists$y(Px $\rightarrow$ Sy) または $\exists$y$\forall$x(Px $\rightarrow$ Sy)
(2) $\forall$x$\exists$y(Wxy $\rightarrow$ Px)
(3)

$$\begin{aligned}\text{与式} &\Longrightarrow \exists x(\forall y(Rxy \rightarrow \exists zRyz)) \vee \exists x(Px \wedge Sx)\\ &\Longrightarrow \exists x(\forall y(Rxy \rightarrow \exists zRyz) \vee (Px \wedge Sx))\\ &\Longrightarrow \exists x\forall y\exists z((Rxy \rightarrow Ryz) \vee (Px \wedge Sx))\end{aligned}$$

(4)

$$\begin{aligned}
\text{与式} &\Longrightarrow \forall x(\exists y(Wxy \lor Py)) \land \forall z(\exists yWzy \to Cz) \\
&\Longrightarrow \forall x(\exists y(Wxy \lor Py) \land (\exists yWxy \to Cx)) \\
&\Longrightarrow \forall x(\exists y(Wxy \lor Py) \land \forall y(Wxy \to Cx)) \\
&\Longrightarrow \forall x(\exists y(Wxy \lor Py) \land \forall w(Wxw \to Cx)) \\
&\Longrightarrow \forall x\exists y\forall w((Wxy \lor Py) \land (Wxw \to Cx))
\end{aligned}$$

$\exists y$ と $\forall w$ の並びは逆順でもよい。また，個体変項名 w は，x と y 以外の個体変項名ならば任意。

【第 8 章】

1. (1) $\exists x\exists y(Px \land Ty \land H'xy)$

(2) $\forall y\exists x(Ty \to (Px \land H'xy))$

(3) $\exists x\forall y(Px \land (Ty \to H'xy))$

(4) $\forall x\forall y(Px \to (Ty \to H'xy))$ または $\forall x\forall y((Px \land Ty) \to H'xy)$

(5) $\exists y\forall x(Ty \land (Px \to H'xy))$

2. (1) $\forall x\forall y(Ryx \to Rxy)$ または $\forall x\forall y(Rxy \to Ryx)$

(2) $\forall x(\forall yRyx \to \forall yRxy)$

(3) $\exists x(Rax \land \neg Rxx)$

(4) $\forall x(Rxa \to \neg Rxx)$

(5) $\exists x\forall y(Rxa \land \neg Ryx)$

(6) $\neg\exists x(Rxa \land Rax)$ または $\forall x(Rxa \to \neg Rax)$

(7) $\forall x(\forall yRyx \to \neg Rxa)$

(8) $\forall x(\forall y(Ray \to Rxy) \to \neg Rax)$

(9) $\exists x\forall y((Ray \to Rxy) \land Rax)$

3. 以降，$\neg\doteq$ は $\not\doteq$ と表す。

(1) $\exists x\exists y\exists z(Vaz \land Ryz \land My \land Lyx \land Rxa \land Mx)$

(2) $\exists xRax \land \forall x(Rax \to Mx)$

(3) $\exists x\exists y(Rya \land Ryx \land Hx \land Lax)$

(4) $\exists x\exists y(Rya \land Ryx \land \not\doteq ax)$

(5) $\exists x\exists y\exists z(Rza \land Ryz \land Ryx \land \not\doteq xz \land Mx \land Mz)$

(6) $\forall z(Rza \to \forall x(\exists y(Ryz \land Ryx \land \not\doteq xz) \to \forall w(Rxw \to Hw)))$
または $\neg\exists w\exists x\exists y\exists z(Rza \land Ryz \land Ryx \land \not\doteq xz \land Rxw \land \neg Hw)$

(7) $\forall x(\exists y(Rya \land Ryx \land Mx) \to Lax)$

(8) $\neg\exists x\exists y\exists z(Rza \land Rzy \land \not\doteq ay \land Ryx \land Hx)$

【第 9 章】

1. (1) $\forall x \forall y((Hx \land Hy) \to \doteq xy)$

(2) $\exists x(Tx \land \forall y(Ty \to \doteq xy))$

(3) $\exists x(Sx \land Cx \land \forall y((Sy \land Cy) \to \doteq xy))$

(4) $\exists x \exists y(\not\doteq xy \land Mx \land My \land \forall z(Mz \to (\doteq xz \lor \doteq yz)))$

(5) $\exists x \exists y(\not\doteq xy \land Mx \land My \land \forall z(Mz \to (\doteq xz \lor \doteq yz))) \lor \neg \exists x Mx$

(6) $\exists x \exists y(\not\doteq xy \land Sx \land Sy)$

(7) $\exists x \exists y \exists z(\not\doteq xy \land \not\doteq yz \land \not\doteq zx \land \neg Mx \land \neg My \land \neg Mz \land \forall w(\neg Mw \to (\doteq xw \lor \doteq yw \lor \doteq zw)))$

(8) $\exists w \exists x \exists y(Pw \land \not\doteq xy \land Rxw \land Ryw \land \forall z(Rzw \to (\doteq xz \lor \doteq yz)))$

(9) $\exists x \exists y \exists z(\not\doteq xy \land \not\doteq yz \land \not\doteq zx \land Lxk_3 \land Lyk_3 \land Lzk_3 \land \forall w(Lwk_3 \to (\doteq xw \lor \doteq yw \lor \doteq zw)))$

(10) $\exists v \exists w(Sv \land Sw \land \exists x \exists y(Ixvw \land Iyvw \land \not\doteq xy \land \forall z(Izvw \to (\doteq xz \lor \doteq yz))))$

【第 10 章】

1. (1) $\neg \exists x(\neg Fx \land Gx) \models \forall x(Fx \lor \neg Gx)$

$\neg \exists x(\neg Fx \land Gx)$

$\neg \forall x(Fx \lor \neg Gx)$

$\neg(Fa \lor \neg Ga)$

$\neg(\neg Fa \land Ga)$

$\neg Fa$

$\neg\neg Ga$

$\neg\neg Fa$ $\quad$ $\neg Ga$

× $\quad$ ×

(2) $\mathsf{Fa} \vee \mathsf{Ga}, \mathsf{Fa} \to \mathsf{Ja}, \mathsf{Ga} \to \mathsf{Ka} \models \mathsf{Ja} \vee \mathsf{Ka}$

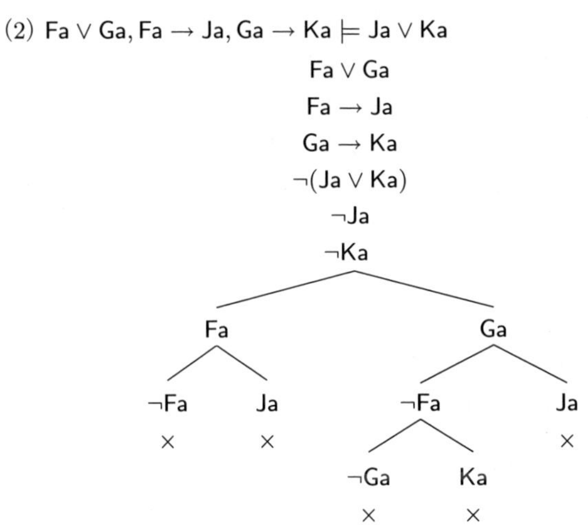

(3) $\forall \mathsf{x}(\mathsf{Fx} \to \mathsf{Gx}) \not\models \exists \mathsf{x}(\mathsf{Fx} \wedge \mathsf{Gx})$

$\forall \mathsf{x}(\mathsf{Fx} \to \mathsf{Gx})$

$\neg \exists \mathsf{x}(\mathsf{Fx} \wedge \mathsf{Gx})$

$\mathsf{Fa} \to \mathsf{Ga}$

$\neg(\mathsf{Fa} \wedge \mathsf{Ga})$

$\neg\mathsf{Fa}$ | Ga

$\neg\mathsf{Fa}$ $\neg\mathsf{Ga}$ | $\neg\mathsf{Fa}$ $\neg\mathsf{Ga}$

×

反例モデルはたとえば $U = \{u_a\}$, $v(\mathsf{a}) = u_a$, $v(\mathsf{F}) = \emptyset$ を満たす $\langle U, v \rangle$。

(4) $\forall \mathsf{x}(\mathsf{Fx} \to \mathsf{Gx}), \neg \exists \mathsf{x}(\mathsf{Jx} \wedge \mathsf{Gx}), \mathsf{Ja} \models \neg \mathsf{Fa}$

$\forall \mathsf{x}(\mathsf{Fx} \to \mathsf{Gx})$

$\neg \exists \mathsf{x}(\mathsf{Jx} \wedge \mathsf{Gx})$

Ja

$\neg\neg\mathsf{Fa}$

Fa

$\mathsf{Fa} \to \mathsf{Ga}$

$\neg(\mathsf{Ja} \wedge \mathsf{Ga})$

$\neg\mathsf{Fa}$ × | Ga

$\neg\mathsf{Ja}$ × | $\neg\mathsf{Ga}$ ×

(5) $\forall x(Fx \rightarrow (Gx \vee Jx)), Fa \wedge \neg Ga \models Ja$

$\forall x(Fx \rightarrow (Gx \vee Jx))$

$Fa \wedge \neg Ga$

$\neg Ja$

Fa

$\neg Ga$

$Fa \rightarrow (Ga \vee Ja)$

$\neg Fa$ ／ $Ga \vee Ja$

×

Ga ／ Ja

× ×

(6) $\exists x \forall y Gxy \models \forall x \exists y Gyx$（考慮されているのは人間だけと考える。）

$\exists x \forall y Gxy$

$\neg \forall x \exists y Gyx$

$\forall y Gay$

$\neg \exists y Gyb$

Gab

$\neg Gab$

×

(7) $\forall x \exists y Gxy \not\models \exists x \forall y Gyx$（考慮されているのは自然数だけと考える。）

$\forall x \exists y Gxy$

$\neg \exists x \forall y Gyx$

$\exists y Gay$

$\neg \forall y Gya$

Gab

$\neg Gca$

$\exists y Gby$

$\neg \forall y Gyb$

$\exists y Gcy$

$\neg \forall y Gyc$

Gbd

$\neg Geb$

$\exists y Gdy$

$\neg \forall y Gyd$

⋮

このタブローは閉じない。したがってここから機械的に反例モデルを構成することはできない。しかしたとえば次のモデルは反例モデルになっている。

$U = \{u_a, u_b\}$, $v(\mathsf{a}) = u_a$, $v(\mathsf{b}) = u_b$, $v(\mathsf{G}) = \{\langle u_a, u_b\rangle, \langle u_b, u_a\rangle\}$。

【第 11 章】

1. $\forall x(Fxx \to \forall y(\not\doteq xy \to \neg Fxy)), \exists x\exists y\not\doteq xy \models \neg\exists x\forall yFxy$

$\forall x(Fxx \to \forall y(\not\doteq xy \to \neg Fxy))$

$\exists x\exists y\not\doteq xy$

$\neg\neg\exists x\forall yFxy$

$\exists y\not\doteq ay$

$\not\doteq ab$

$\exists x\forall yFxy$

$\forall yFcy$

Fca

Fcb

Fcc

$Fcc \to \forall y(\not\doteq cy \to \neg Fcy)$

$\neg Fcc$	$\forall y(\not\doteq cy \to \neg Fcy)$
$\times$	$\not\doteq ca \to \neg Fca$

Branch from $\not\doteq ca \to \neg Fca$:

$\neg\not\doteq ca$	$\neg Fca$
$\doteq ca$	$\times$
Faa	
$Faa \to \forall y(\not\doteq ay \to \neg Fay)$	

Branch from $Faa \to \forall y(\not\doteq ay \to \neg Fay)$:

$\neg Faa$	$\forall y(\not\doteq ay \to \neg Fay)$
$\times$	$\not\doteq ab \to \neg Fab$

Branch from $\not\doteq ab \to \neg Fab$:

$\neg\not\doteq ab$	$\neg Fab$
$\doteq ab$	$\neg Fcb$
$\times$	$\times$

2. $\mathsf{Sa} \lor \mathsf{Ma}, \forall \mathsf{x}((\neg(\mathsf{Sx} \land \mathsf{Mx}) \land \neg(\mathsf{Mx} \land \mathsf{Hx})) \land \neg(\mathsf{Hx} \land \mathsf{Sx})) \vdash \neg \mathsf{Ha}$

$$\mathsf{Sa} \lor \mathsf{Ma}$$
$$\forall \mathsf{x}((\neg(\mathsf{Sx} \land \mathsf{Mx}) \land \neg(\mathsf{Mx} \land \mathsf{Hx})) \land \neg(\mathsf{Hx} \land \mathsf{Sx}))$$
$$\neg\neg \mathsf{Ha}$$
$$\mathsf{Ha}$$
$$(\neg(\mathsf{Sa} \land \mathsf{Ma}) \land \neg(\mathsf{Ma} \land \mathsf{Ha})) \land \neg(\mathsf{Ha} \land \mathsf{Sa})$$
$$\neg(\mathsf{Sa} \land \mathsf{Ma}) \land \neg(\mathsf{Ma} \land \mathsf{Ha})$$
$$\neg(\mathsf{Ha} \land \mathsf{Sa})$$
$$\neg(\mathsf{Sa} \land \mathsf{Ma})$$
$$\neg(\mathsf{Ma} \land \mathsf{Ha})$$

- Sa
  - $\neg \mathsf{Ha}$ ×
  - $\neg \mathsf{Sa}$ ×
- Ma
  - $\neg \mathsf{Ha}$ ×
  - $\neg \mathsf{Sa}$
    - $\neg \mathsf{Sa}$
      - $\neg \mathsf{Ma}$ ×
      - $\neg \mathsf{Ha}$ ×
    - $\neg \mathsf{Ma}$ ×

3. (11.8) $\forall \mathsf{x} \forall \mathsf{y}(\mathsf{Rxy} \to \not\doteq \mathsf{xy})$
を前提に加える。

$$\forall \mathsf{x} \forall \mathsf{y}(\mathsf{Rxy} \to \not\doteq \mathsf{xy})$$
$$\mathsf{Rab}$$
$$\neg \not\doteq \mathsf{ab}$$
$$\doteq \mathsf{ab}$$
$$\forall \mathsf{y}(\mathsf{Ray} \to \not\doteq \mathsf{ay})$$
$$\mathsf{Rab} \to \not\doteq \mathsf{ab}$$

- $\neg \mathsf{Rab}$ ×
- $\not\doteq \mathsf{ab}$ ×

(11.9) $\forall \mathsf{x}(\mathsf{Cx} \lor (\mathsf{Px} \lor \mathsf{Tx}))$
を前提に加える。

$$\forall \mathsf{x}(\mathsf{Cx} \lor (\mathsf{Px} \lor \mathsf{Tx}))$$
$$\neg \mathsf{Ca}$$
$$\neg \mathsf{Pa}$$
$$\neg \mathsf{Ta}$$
$$\mathsf{Ca} \lor (\mathsf{Pa} \lor \mathsf{Ta})$$

- Ca ×
- $\mathsf{Pa} \lor \mathsf{Ta}$
  - Pa ×
  - Ta ×

(11.10) $\forall x \forall y(Vxy \vee (Wxy \vee (Rxy \vee (Lxy \vee \doteq xy))))$ を前提に加える。

$$\forall x \forall y(Vxy \vee (Wxy \vee (Rxy \vee (Lxy \vee \doteq xy))))$$
$$\neg(Vab \vee Wab)$$
$$\neg Rab$$
$$\not\doteq ab$$
$$\neg Lab$$
$$\neg Vab$$
$$\neg Wab$$
$$\forall y(Vay \vee (Way \vee (Ray \vee (Lay \vee \doteq ay))))$$
$$Vab \vee (Wab \vee (Rab \vee (Lab \vee \doteq ab)))$$

- Vab ×
- $Wab \vee (Rab \vee (Lab \vee \doteq ab))$
  - Wab ×
  - $Rab \vee (Lab \vee \doteq ab)$
    - Rab ×
    - $Lab \vee \doteq ab$
      - Lab ×
      - $\doteq ab$ ×

(11.11) $\forall$x($\exists$yH′yx → (Sx ∨ Mx)), $\forall$x($\exists$yH′xy → (Hx ∨ Mx)), $\forall$x¬(Hx ∧ Sx) を前提に加える。

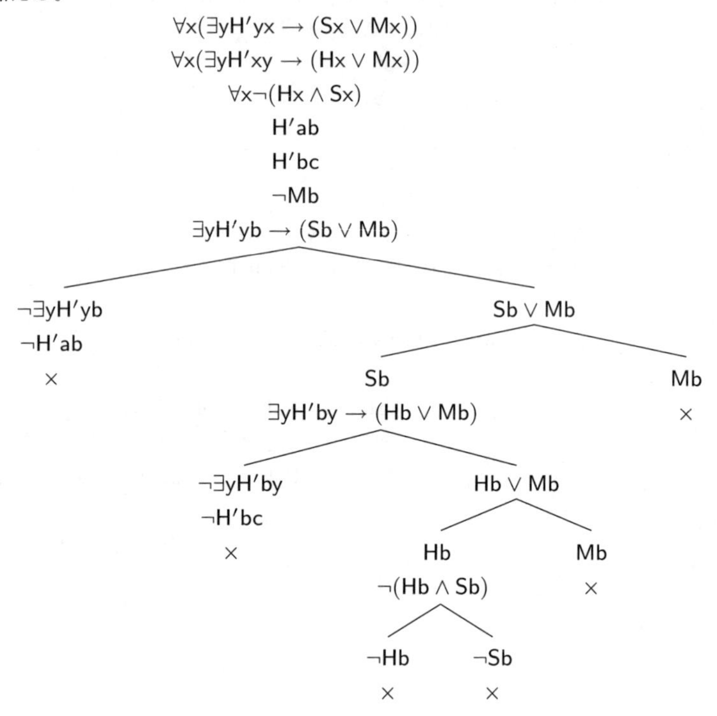

【第 12 章】

1. (12.1) 主語を補い，一つめの前提は「あなたがテストで 60 点以上取っていれば，あなたは単位がもらえる」と言っているものと解釈しよう。これは Fa → Ga と翻訳する。タブローは次のとおり。

Fa → Ga

¬Fa

¬¬Ga

Ga

¬Fa　　Ga

反例モデルはたとえば $U = \{u_a\}$, $v(\mathsf{a}) = u_a$, $v(\mathsf{F}) = \emptyset$, $v(\mathsf{G}) = \{u_a\}$ を満たす $\langle U, v\rangle$。

(12.2) は (12.1) と同様。

(12.3)

$$\begin{array}{c} \mathsf{Fa} \to \mathsf{Ga} \\ \mathsf{Ga} \\ \neg\mathsf{Fa} \\ \diagup \quad \diagdown \\ \neg\mathsf{Fa} \quad \mathsf{Ga} \end{array}$$

反例モデルはたとえば $U = \{u_a\}$, $v(\mathsf{a}) = u_a$, $v(\mathsf{F}) = \emptyset$, $v(\mathsf{G}) = \{u_a\}$ を満たす $\langle U, v \rangle$。

(12.4)

$$\begin{array}{c} \mathsf{Fa} \lor \mathsf{Ga} \\ \mathsf{Ga} \\ \neg\neg\mathsf{Fa} \\ \mathsf{Fa} \\ \diagup \quad \diagdown \\ \mathsf{Fa} \quad \mathsf{Ga} \end{array}$$

反例モデルはたとえば $U = \{u_a\}$, $v(\mathsf{a}) = u_a$, $v(\mathsf{F}) = v(\mathsf{G}) = \{u_a\}$ を満たす $\langle U, v \rangle$。

2. めくらなければならないのは(1)と(2)。「一方に母音が書かれているならばその裏には偶数が書かれている」が偽になるのは一方が母音でその裏が奇数のときである。したがって子音または偶数が見えているカードはその裏が何であれ規則を破ることにはならない。この問題では(2)(3)と答える人が多いということが報告されているが，後件肯定の誤謬を犯していると思われる。

3. (1)過度の一般化，(2)論点先取

【第 13 章】

1. 結合記号にかんする規則は 1 つの命題に一度適用されたら二度と適用されず，タブローの形成の手続きは必ず有限のステップで終了するから。

【第 14 章】

1. 【方針 1】

$$
\begin{aligned}
X \oplus Y &= (\overline{X} * Y) + (X * \overline{Y}) \\
&= \overline{\overline{(\overline{X} * Y) + (X * \overline{Y})}} \\
&= \overline{\overline{(\overline{X} * Y)} * \overline{(X * \overline{Y})}} \\
&= \overline{(\overline{X} * Y)} | \overline{(X * \overline{Y})} \\
&= (\overline{X}|Y)|(X|\overline{Y}) \\
&= ((X|X)|Y)|(X|(Y|Y))
\end{aligned}
$$

【方針 2】

$$
\begin{aligned}
X \oplus Y &= (X + Y) * \overline{(X * Y)} \\
&= ((X|X)|(Y|Y)) * (X|Y) \\
&= \overline{\overline{((X|X)|(Y|Y)) * (X|Y)}} \\
&= \overline{((X|X)|(Y|Y))|(X|Y)} \\
&= ((X|X)|(Y|Y))|(X|Y)|(((X|X)|(Y|Y))|(X|Y)
\end{aligned}
$$

2. たとえば，$X_0 = 1, X_1 = 1, X_2 = 0$ なのかどうかを判断するブール式は，$X_0 * X_1 * \overline{X_2}$ である。このことを参考にして考える。

もし,「$X_0 = 1, X_1 = 1, X_2 = 0$」と「$X_0 = 1, X_1 = 0, X_2 = 1$」と「$X_0 = 1, X_1 = 1, X_2 = 1$」のときだけ $S = 1$ となり，それ以外のときは，$S = 0$ であるとする(★)ならば，このときは，$S = (X_0 * X_1 * \overline{X_2}) + (X_0 * \overline{X_1} * X_2) + (X_0 * X_1 * X_2)$ とすれば,「積からなるブール式」の和で全体を構成できる。

このことを一般化してみよう。S は，X_0, X_1, X_2 のみをブール変数に含むブール式であるとする。このとき，$p = 0, \cdots, 7$ と変化させながら，p を 3 ビット（左から二進法展開）した値を使って考えよう。

p	$X_{p,0}$	$X_{p,1}$	$X_{p,2}$
0	0	0	0
1	1	0	0
2	0	1	0
3	1	1	0
4	0	0	1
5	1	0	1
6	0	1	1
7	1	1	1

上記のすべてで，X_0，X_1，X_2 の，すべての場合が網羅される。

いま，$S_p = X_{p,0} * X_{p,1} * X_{p,2}$ となる p の値の集合を T とする。（前述の例★で言えば，$T = \{3,\ 5,\ 7\}$ となる。）このとき，

$$S = S_3 + S_5 + S_7$$

とすれば積和標準形が求まる。一般的には，変数の個数を，任意の整数 n で考えればよい。

3. 2 ビット同士の和は，0 から 3 同士の和となる。$X = 0,\ 1,\ 2,\ 3, Y = 0,\ 1,\ 2,\ 3$ で，$X + Y$ について 16 種類の和を考えることができる。

2 進法の表記を固定長のビットで表すと，次のとおりになる。

十進法			ビット表記						
X	Y	Z	X_1	X_0	Y_1	Y_0	Z_2	Z_1	Z_0
0	0	0	0	0	0	0	0	0	0
0	1	1	0	0	0	1	0	0	1
0	2	2	0	0	1	0	0	1	0
0	3	3	0	0	1	1	0	1	1
1	0	1	0	1	0	0	0	0	1
1	1	2	0	1	0	1	0	1	0
1	2	3	0	1	1	0	0	1	1
1	3	4	0	1	1	1	1	0	0
2	0	2	1	0	0	0	0	1	0
2	1	3	1	0	0	1	0	1	1
2	2	4	1	0	1	0	1	0	0
2	3	5	1	0	1	1	1	0	1
3	0	3	1	1	0	0	0	1	1
3	1	4	1	1	0	1	1	0	0
3	2	5	1	1	1	0	1	0	1
3	3	6	1	1	1	1	1	1	0

- Z_0 は，和の最下位にある和の 2^0 の位のビットである。これは，X_0 と Y_0 の 2 つのビットの和から考えることができる。
  - ▶ $0+0=0$ であり，$0+1=1+0=1$ であり，$1+1=10$ であるから，$Z_0 = X_0 \oplus Y_0$ となる。
  - ▶ このとき，2^0 から 2^1 の位への桁の繰り上がりがある。それを C_0 と書くならば，$C_0 = X_0 * Y_0$ となる。
- Z_1 は，和の 2^1 の位のビットである。これは，X_1 と Y_1 と C_0 の 3 つのビットの和から考えることができる。
  - ▶ まず，X_1, Y_1 の 1 ビット同士の和のその位の値 Z_1 は，上と同じように考えることができるが，それに，C_0 が加わることから，
  $Z_1 = (X_1 \oplus Y_1) \oplus C_0 = (X_1 \oplus Y_1) \oplus (X_0 * Y_0)$ となる。
  - ▶ 一方で，2^2 の位への桁の繰り上がりが Z_2 となる。$Z_2 = 1$ となるのは，X_1 と Y_1 と C_0 の 3 つのビットのうち少なくとも 2 つが 1 であることが同値である。$Z_2 = (X_1*Y_1)+(X_1*C_0)+(Y_1*C_0)$ となる。これを整理すると，$Z_2 = (X_1*Y_1)+(X_1+Y_1)*C_0$ より，$Z_2 = (X_1*Y_1)+(X_1+Y_1)*X_0*Y_0$ となる。

以上より，次の式を得る。

- $Z_0 = X_0 \oplus Y_0$
- $Z_1 = (X_1 \oplus Y_1) \oplus C_0 = (X_1 \oplus Y_1) \oplus (X_0 * Y_0)$

- $Z_2 = (X_1 * Y_1) + (X_1 + Y_1) * X_0 * Y_0$

4. 直観主義論理で利用されている論理的公理と推論規則は，すべて，古典論理でも利用可能である。よって，直観主義論理での P の証明は，そのまま，古典論理の P の証明となる。

5. たとえば，以下の例を考えることができる。

1）「いちかばちか，やってみないとわからない。」
「いち」になるか「ばち」になるかは，まだわからないけど，両方の可能性がある。

やってみる　→　「いち」⊗「ばち」

2）「一度のお買い物で，チャージポイントも，ご利用ポイントも付きます」
1つの資源で両方が付くので，

一度のお買い物　→　チャージポイント&ご利用ポイント

3）「セットにはコーヒー，または紅茶がつきます。」
両方が付くことはないので，

「セット　→　コーヒー ⊕ 紅茶」

4）「利用資格は，千葉県に在住，あるいは千葉県内に勤務先がある人とする。」
千葉県に在住 ⊕ 千葉県内に勤務
千葉県に在住 ⅋ 千葉県内に勤務
この2つの命題のどちらかが成り立てばよいから，

（千葉県に在住 ⊕ 千葉県内に勤務）⊕（ 千葉県に在住 ⅋ 千葉県内に勤務）→ 利用資格がある」

6. 次のプログラムは，正解の一例である。

```
justleft(u2, u3).
justleft(u3, u1).
justleft(u3, u5).
justleft(u1, u4).
justleft(u5, u4).
justleft(u1, u6).
justleft(u5, u6).

justabove(u1, u2).
justabove(u1, u3).
justabove(u1, u4).
justabove(u2, u5).
justabove(u3, u5).
justabove(u4, u5).
justabove(u5, u6).

leftside(X, Y) :- justleft(X, Z), leftside(Z, Y).
leftside(X, Y) :- justleft(X, Y).

aboveside(X, Y) :- justabove(X, Z), aboveside(Z, Y).
aboveside(X, Y) :- justabove(X, Y).
```

次に，動作例を示す。

```
| ?- leftside(X,u4),aboveside(X,u4).

X = u1 ?  ;

no
| ?-
```

u_4 の左側で上側にあるものは，p.216 の図 14.2 を見ると，確かに u_1 しかなく，そのとおりの結果が得られている。

索引

●配列は五十音順，記号・欧文字は最後に掲載。＊は人名を表す。

分担執筆者紹介

（執筆の章順）

村上　祐子（むらかみ・ゆうこ）

・執筆章→ 1・15

1994 年　東京大学大学院理学研究科修士課程修了，修士（理学）
2000 年　東京大学大学院総合文化研究科博士課程単位取得退学
2005 年　インディアナ大学大学院哲学専攻（論理学専修）博士課程修了，Ph.D.
現在　立教大学大学院人工知能科学研究科・文学部教育学科教授
主な著書　科学技術をよく考える（共著，名古屋大学出版会）
軍事研究を哲学する：科学技術とデュアルユース（共著，昭和堂）
現代哲学キーワード（共著，有斐閣）
情報倫理入門（共著，アイ・ケイ・コーポレーション）
人文社会科学のための研究倫理ガイドブック（共著，慶應義塾大学出版会）

大西　琢朗（おおにし・たくろう）

・執筆章→ 2・3・4

2012 年　京都大学大学院文学研究科博士課程終了，Ph.D
2018 年　京都大学学際融合教育研究推進センター人社未来形発信ユニット・特定准教授
現在　京都大学大学院文学研究科・特定准教授
主な著書　3STEP シリーズ 論理学（昭和堂）

久木田　水生（くきた・みなお）

・執筆章→ 5・6・10・11・12・13

2005 年　京都大学大学院文学研究科博士後期課程修了，博士（文学）
2017 年から現在　名古屋大学大学院情報学研究科・准教授
主な著書　ロボットからの倫理学入門（共著，名古屋大学出版会）
人工知能と人間社会（共編著，勁草書房）

編著者紹介

加藤　浩（かとう・ひろし）

・執筆章→ 7・8・9

1983 年　慶應義塾大学大学院工学研究科修士課程修了，修士（工学）
1999 年　東京工業大学大学院社会理工学研究科博士課程修了，博士（工学）
現在　放送大学教養学部教授，熊本大学客員教授，総合研究大学院大学名誉教授
主な著書　認知的道具のデザイン（共編著，金子書房）
プレゼンテーションの実際（培風館）
協調学習と CSCL（共編著，ミネルヴァ書房）

辰己　丈夫（たつみ・たけお）

・執筆章→ 1・14

1991 年　早稲田大学理工学部数学科卒業
1993 年　早稲田大学情報科学研究教育センター助手
1997 年　早稲田大学大学院理工学研究科数学専攻博士後期課程退学
1999 年　神戸大学発達科学部講師
2003 年　東京農工大学総合情報メディアセンター助教授（2007 年から准教授）
2014 年　筑波大学大学院ビジネス科学研究科企業科学専攻博士後期課程修了
博士（システムズ・マネジメント）
2014 年　放送大学准教授
2016 年　放送大学教授（現在に至る）
主な著書　教養のコンピュータサイエンス 情報科学入門 第 3 版（共著，丸善）
情報科教育法［改訂 3 版］（共著，オーム社）
情報と職業［改訂 2 版］（共著，オーム社）
情報化社会と情報倫理［第 2 版］（共立出版）

放送大学教材　1579428-1-2411（テレビ※）

新訂　記号論理学

発　行　　2024年3月20日　第1刷
編著者　　加藤　浩・辰己丈夫
発行所　　一般財団法人　放送大学教育振興会
〒105-0001　東京都港区虎ノ門1-14-1　郵政福祉琴平ビル
電話　03（3502）2750

※テレビによる放送は行わず，インターネット配信限定で視聴する科目です。
市販用は放送大学教材と同じ内容です。定価はカバーに表示してあります。
落丁本・乱丁本はお取り替えいたします。

Printed in Japan　ISBN978-4-595-32481-9　C1355